姚
智
辉

著

从妇好汽柱甗到海昏侯套合器

对中国古代蒸馏器的再认识

中国社会科学出版社

图书在版编目（CIP）数据

从妇好汽柱甑到海昏侯套合器：对中国古代蒸馏器的再认识／姚智辉著.
—北京：中国社会科学出版社，2022.3
ISBN 978 - 7 - 5203 - 9840 - 4

Ⅰ.①从… Ⅱ.①姚… Ⅲ.①蒸馏—技术—研究—中国—古代
Ⅳ.①TQ028.3

中国版本图书馆 CIP 数据核字（2022）第 042582 号

出 版 人	赵剑英	
责任编辑	郭　鹏	
责任校对	刘　俊	
责任印制	李寡寡	

出　　版	中国社会科学出版社	
社　　址	北京鼓楼西大街甲 158 号	
邮　　编	100720	
网　　址	http://www.csspw.cn	
发 行 部	010 - 84083685	
门 市 部	010 - 84029450	
经　　销	新华书店及其他书店	

印刷装订	北京君升印刷有限公司	
版　　次	2022 年 3 月第 1 版	
印　　次	2022 年 3 月第 1 次印刷	

开　　本	710×1000　1/16	
印　　张	15	
字　　数	208 千字	
定　　价	89.00 元	

凡购买中国社会科学出版社图书,如有质量问题请与本社营销中心联系调换
电话:010 - 84083683

目　　录

第一章 引言

第一节 问题提出与研究背景

从 2011 年开始，历经五年的考古发掘，江西南昌海昏侯墓出土了近 2 万多件文物，作为中国长江以南地区发现的唯一一座带有车马陪葬坑的墓葬，其车马坑出土了高等级马车 5 辆，马匹 20 匹，错金银装饰的精美铜车马器 3000 余件；海昏侯墓主椁室出土了数量惊人的黄金，包括数十枚马蹄金、麟趾金、金饼和金器等。江西南昌海昏侯墓不仅是我国迄今发现的保存最好、结构最完整、功能布局最清晰、拥有最完备祭祀体系的西汉列侯墓园，[①] 也是出土文物数量较多、种类极为丰富、工艺水平极高的汉代墓葬，诸多文物为我们勾勒出一位西汉高等级贵族的奢华生活。

海昏侯墓出土 3000 余件（套）青铜器，种类有日用器、兵器、车马器、乐器、铜镜和铜钱等。其中日用器有蒸煮器、铜壶、铜鼎、铜灯、铜滴漏和博山炉等。在其"酒具库"出土了一套青铜套合器，被考古发掘者初步判别为蒸馏器具，并于 2016 年 3 月在首都博物馆《五色炫曜——南昌汉代海昏侯国考古成果展》中陈列。它的出现，引发了大众以及专家学者对中国古代蒸馏器的热议和重新审视。业界认为海昏侯墓出土的这一套合器，可能是蒸馏器，并对其大致使用方法进行推测：釜

---

① 杨军、徐长青：《南昌市西汉海昏侯墓》，《考古》2016 年第 7 期。

置于灶上，经加热，釜内的水蒸汽冲上箅板，汇集在凝露室内，在甑盖的底面上冷却后变成滴露，落入四周的环形夹层内，再经一对流嘴泄出。

针对考古报告给出的一对对称的流嘴的描述和上面操作过程的认识，我们发现存在一些模糊甚至不正确的判断和推测。反复观察器物，结合蒸馏原理，我们对其装置有了进一步认识，这是引发我们对古代蒸馏器关注和思考的由来。除了海昏侯墓出土的这套青铜套合器，古代的一些青铜器是否有蒸馏功能，也是有着不同观点和认识的，如商代妇好墓出土的汽柱甑、汉代的"阳信家鏖甗"和河北满城汉墓的"雍甗"、西安张家堡汉墓出土的筒状套合器等。

20世纪末，上海博物馆时任馆长马承源介绍了该馆收藏的一件汉代青铜蒸馏器，该器物出土地点不详，是由马先生从上海冶炼厂的废铜中拣选后发现的。后经过对其构造、纹饰等方面的鉴定，判定这件青铜器属于西汉晚期至东汉早期的器物。之后，其撰写了《汉代青铜蒸馏器的考古考察和实验》一文，[①] 这是我们对中国最早出现的蒸馏器认识的主要来源。

从上海博物馆馆藏个案到出土的汉代多件有争议的套合器，汉代是否具有蒸馏器和蒸馏技术？这些器物有无共性或关联？我们借助考古实物，来辨析铜器蒸煮和蒸馏的不同属性，并通过部分模拟实验，对器物功用属性予以验证，对这些器物进行结构和原理的深入分析，进而尝试探讨中国古代蒸馏器的出现以及发展脉络，同时对汉代部分筒形器的定名进行探讨。

第二节　文献和实物中的古代蒸馏器

一　古代文献中的蒸馏器

中国古代文献中关于蒸馏与蒸馏器的记载不多，主要集中于以下几处：

---

① 马承源：《汉代青铜蒸馏器的考古考察和实验》，《上海博物馆集刊》1992年第6期。

宋代吴悮在《丹房须知》中介绍了炼丹的基本知识，并结合器物图形描述了当时用到的一些炼丹设备，如抽汞的蒸馏器、丹台、既济炉和未济炉等。

> 飞汞炉木，为床四尺。如鳌木足，高一尺已上，避地气，碟圆釜，容二斗，勿去火。八寸床上鳌，依釜大小为之。……飞汞于丹砂之下，有少白砂亦佳。①

从其描述的抽汞装置图（图1-1），我们可以看到，这种抽汞的装置分上下两部分，上面是密闭容器，用来装盛药物；下面是用来加热的炉子。密闭容器内的汞矿受热后，生成蒸汽，蒸汽冷凝后，液体流出、汇入到旁边的冷凝罐中，从而达到蒸馏的目的。然而其冷凝装置部分，图中并未明白地绘出。

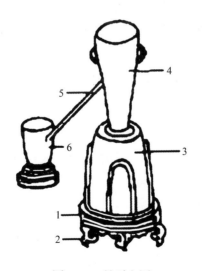

图1-1　抽汞之图

1. 木床　2. 木足　3. 丹灶　4. 圆釜　5. 气管　6. 盆

① （宋）吴悮撰：《丹房须知》，《中华道藏》第18册，华夏出版社2003年版，第443页。

南宋张世南在《游宦纪闻》中记载:

> 永嘉之柑,为天下冠。有一种名"朱栾",花比柑橘,其香绝胜。以笺香或降真香作片,锡为小甑,实花一重,香骨一重,常使花多于香。穿甑之傍,以泄汗液,以器贮之。毕,则彻甑去花,以液渍香,明日再蒸。凡三四易,花暴干,置磁器中密封,其香最佳。[①]

尽管上面的介绍不够详尽,但仍能看出这是用来蒸馏花露的一款小型蒸馏器。在一口锡质的甑锅里面,交替放入一层花瓣和一层香片,花瓣的数量多于香片,在甑锅一侧设一流口。将甑锅底部加热,甑内花瓣和香片的有效成分随着水蒸汽被蒸出,冷凝后从甑锅一旁的流口流出,外用接收容器进行收集。操作结束后,取走甑锅,第二天再重新蒸馏。经过三四次蒸馏,就可以从原来的花瓣中提取到最好的花露,将蒸馏得到的花露,瓷器中密封存放。宋人周去非所著《岭外代答》中也提到了用类似蒸馏器,来提取蔷薇液。[②]

元代朱德润在《轧赖机酒赋》中记载:

> 观其酿器鬲钥之机,酒候温凉之殊。甑一器而两圈,铛外环而中洼,中实以酒,仍械合之无余。少焉火炽既盛,鼎沸为汤,色混沌于郁蒸,鼓元气于中央。[③]

这是用来制烧酒的蒸馏器。黄时鉴对此蒸酒器作了解读:"这种殊甑由两部分组成,下部中窪置酒,与上部密相械合。下部承火,上部盛水。

---

① (宋)张世南撰,张茂鹏等点校:《游宦纪闻》卷六,中华书局1981年版,第45页。
② (宋)周去非撰,屠友祥校注:《岭外代答》,上海远东出版社1996年版,第164页。
③ (元)朱德润:《轧赖机酒赋》,《古今图书集成》,中华书局1934年版,第18页。

下部内的酒'鼎沸为汤',蒸汽上升后冷却'蒸而雨滴',流到下部的'圈铛外环'的四周。"① 这里描述的蒸酒器,跟后文提到的考古出土的金代烧酒锅②的形制基本是一样的。

明代宋应星的《天工开物》中记述道:

> 上盖一釜,釜当中留一小孔,釜傍盐泥紧固。釜上用铁打成一曲弓溜管,其管用麻绳缠通梢,仍用盐泥涂固。煅火之时,曲溜一头插入釜中通气,插处一丝固密,一头以中罐注水两瓶,插曲溜尾于内,釜中之气在达于罐中之水而止。共煅五个时辰,其中砂末尽化成汞,布于满釜。冷定一日,取出扫下。③

此文描述的是升炼水银的情形:取两口锅,将一口锅倒扣在另一锅上,上锅的顶部设有一孔,两锅对接处用盐泥加固密封,锅顶上小孔和一弯曲的铁管连接,铁管通身要用麻绳缠绕紧固,并涂上泥盐加固,保证接口处不能有丝毫漏气,曲管的另一端通到装有两瓶水的罐子中,使得熔炼锅中气体只能达到罐里的水中。锅底加热起火,约煅烧十个钟头,朱砂会全部分解,生成水银,布满整个锅壁,冷却后落入装有冷水的罐中,水银密度比水大,此设置较好避免水银易于挥发问题,冷却一天后,将罐中沉积的汞取出。

明代方以智的《物理小识》中记载:

> 铜锅,平底,墙高三寸。离底一寸,作隔花,钻之使通气,外以锡作馏盖,盖之,其状如盉,其顶圩,使盛冷水,其边为通槽,而以一味流出其馏露也。……锅底置砂,砂在砖之上,薪火在砖之

---

① 黄时鉴:《阿剌吉与中国烧酒的起始》,《文史》第 31 辑,中华书局 1988 年版。
② 林荣贵:《金代蒸馏器考略》,《考古》1980 年第 5 期。
③ (明)宋应星:《天工开物》卷十六,中华书局 1983 年版,第 275—276 页。

下，其花置隔上，故下不用水而花露自出。①

这里描述的是花露的蒸取方法。所用装置的下部是甑锅，锅内置箅，甑锅内有一圈凹槽，槽上设有一流口，甑锅上部盖子为盆状，内置冷水，利用水冷凝快速降温，锅底置砂的目的是保证甑锅受热更加均匀。操作时，将花瓣置于箅上，甑锅底部加热，花瓣中的花露成分被蒸出，蒸汽上升，碰到置冷水的盆底壁，冷凝后滴入凹槽，从流口流出。

明代医药学家李时珍在《本草纲目》中提到：

烧酒非古法也。自元时始创其法，用浓酒和糟入甑，蒸令气上，用器承取滴露。②

烧酒是元代开始有的，对甑中盛放的浓酒和糟进行加热，利用其中不同成分沸点的不同，将酒精蒸出，然后用器皿接收冷凝后的馏分。此段描述的是烧酒的酿造方法，但非常笼统，没有说明冷凝液体的承接，用到的是内部承接还是外部承接。

上述古代文献中关于蒸馏器和蒸馏方法的论述都较为简略，但通过对这些文字的解读，我们可以看出，不论是蒸馏花露、蒸馏酒，还是提炼升汞，用到的这些设备中，均有加热装置、冷凝装置和进行液滴收集的装置，而这跟现代意义上的蒸馏器是一致的。

二 相关的考古实物

考古实物不仅为我们研究古代器物、器类提供一手的材料，而且极大地弥补了文献资料的不足。

---

① （明）方以智撰：《物理小识》卷六饮食类，景印文渊阁《四库全书》，上海古籍出版社1987年版。

② （明）李时珍：《本草纲目》卷二五，中国文史出版社2003年版。

　　马承源对上海博物馆馆藏的汉代蒸馏器曾进行过专题研究和科学实验。[①]该青铜器的整体造型，与汉代上甑下釜组合而成的甗极为相似。经测量，该甑釜合体通高45.5厘米（此高度不含盖，蒸馏器原盖已遗失）。青铜蒸馏器上方为甑，体高21.1—22.3厘米，内径26.2—29.9厘米，凝露室容积7500毫升，在甑内的下部有箅（箅径17.7厘米，箅的网格形孔径较小），另有一圈穹形的斜隔层（弧形边宽2.6—2.9厘米），可积累蒸馏液（贮料室容积1900毫升），而且弧形边的上面和甑壁连接处形成一周槽，槽道上有一流口，连铸一个向下倾斜的排流管，排流管长4.1厘米，内径1—1.3厘米；青铜蒸馏器下部为釜，体高26.2厘米，口内径17.4厘米，腹外径31.1—31.3厘米，注液管长6.7厘米，直径3.8—4.2厘米。马承源制作了一个青铜材质的复制品，添加盖子，分别用烧酒和黄酒为蒸馏原料，直接置于釜中加热蒸馏，为了增强冷却效果，还在盖上浇冷水和覆盖湿冷的布块。实验结果表明，该青铜蒸馏器对高度、低度酒液均能起到蒸馏的作用，但该实验并不是用来证明我国汉代就有制作蒸馏酒的工艺的。

　　除了上海博物馆馆藏的汉代蒸馏器，目前确定和初步推测是蒸馏器的实物材料还有：河北青龙县出土的金代蒸馏器、内蒙古巴林左旗出土的铜酿酒锅、西安张家堡新莽墓出土的套合器、海昏侯墓出土的套合器以及安徽长乐县（今上乐市）出土的汉代蒸馏器，其中长乐县（今上乐市）的器物至今未见发掘报告和相关详细的介绍。

　　1975年12月，在河北省秦皇岛市青龙县土门子乡出土一件铜烧酒锅，考古发掘者根据该遗址的地层和文化层，结合伴出的器物，判断该烧酒锅是金代遗物。[②]该烧酒锅为双合范，黄铜铸造而成，有上下两器，上器是冷却器，下器是甑锅，套合组成。甑锅做成半球形，高26厘米，

---

　　① 马承源：《汉代青铜蒸馏器的考古考察和实验》，《上海博物馆集刊》1992年第6期。
　　② 《河北省青龙县出土金代铜烧酒锅》，《文物》1976年第9期。

口径 28 厘米，最大腹径 36 厘米，腹中部有环形鋬一周，宽 2 厘米，厚 0.5 厘米，便于扣在灶上。口沿作双唇凹槽，宽 1.2 厘米，深 1 厘米，是为汇酒槽。从汇酒槽通出一个出酒流。冷却器做成圆桶形，高 16 厘米，口径 31 厘米，底径 26 厘米。穿隆底，隆起最高 7 厘米，冷却器近底处也通出一个排水流。底沿作牝唇，与甑锅套合时，牝唇与汇酒的外唇内壁正相紧贴。考古工作者曾用该装置加算后，进行蒸酒的简单模拟实验，结果出酒顺利，蒸馏速度快，证明了该套装置是一件实用的蒸馏器。①

1983 年内蒙古巴林左旗隆昌镇十二段村出土过一件"铜酿酒锅"，该器物于 2004 年春夏之交，在由北京中华世纪坛艺术馆与内蒙古自治区博物馆联合举办的"成吉思汗——中国古代北方草原游牧文化大展"②中，进行过公众展览。这件酒锅为青铜质地，通高 48 厘米，由上、下分体组成。下分体为甑锅，上部是圆锅。甑锅为圜底，鼓腹，上腹内收，内外沿之间有一周凹槽。最大腹径 42.4 厘米、高 33 厘米，内沿高 1.5 厘米，外沿高 3 厘米，二者之间的凹槽深 2.5 厘米。外沿的外侧有一流，流直径 2 厘米、残长 6 厘米，流孔长 2 厘米、宽 0.5 厘米。锅的圆底略有残损，可以看出圆底经多年火烧，数度破损，并由外向里用生铁片焊补过。

2007 年，西安市文物保护考古所配合西安市行政中心北迁项目，在西安市北郊张家堡发掘了一座新莽时期墓葬（M115），墓的北耳室出土了一件由铜鍑、筒形器和铜盖三部分组合而成的套合器。③ 出土时铜鍑置于筒形器内，盖置于上，器盖整体形似一灯。考古工作者初步推测是蒸馏器。

---

① 林荣贵：《金代蒸馏器考略》，《考古》1980 年第 5 期。
② 中华世纪坛艺术馆、内蒙古自治区博物馆：《成吉思汗——中国古代北方草原游牧文化》，北京出版社 2005 年版，第 298 页。
③ 程林泉、张翔宇等：《西安张家堡新莽墓发掘简报》，《文物》2009 年第 5 期。

江西省南昌市西汉海昏侯墓，出土了一件由铜釜、筒形器、天锅三部分构成的青铜套合器。① 海昏侯墓出土的套合器目前在学术界还存在争议，绝大多数学者认为它是我国发现的最早的蒸馏器；但也有不同声音，历史研究者王金中提出大胆设想，认为这件器物是"水钟"，是世界上年代最久远的滴水计时工具。② 钱耀鹏在《西安新莽墓所出蒸馏器的使用方法及意义——兼谈海昏侯墓出土的蒸馏用具》一文中，倾向认为这件器物是熬煮为特点的蒸馏器。③

20 世纪 50 年代以来，陆续出土的几件蒸馏器（确认和推测的）的实物，为我们全方位了解和认识古代蒸馏器的结构提供了依据，也是我们进一步探讨蒸馏器工作原理的基础。

第三节　研究现状

一　古代蒸馏器与蒸馏技术的研究

关于中国古代蒸馏器出现的年代，主要有两种观点：一种认为蒸馏器出现于金元时期。金元时期，中国已经拥有了臻于完善的自制蒸馏器；④ 一种认为蒸馏器出现于东汉时期，冯恩学在《中国烧酒起源新探》中认为东汉已经有了小型蒸馏器，⑤ 至北宋才有了蒸馏酒的萌芽。

对古代蒸馏工艺技术的研究不是很多，陈剑的《古代蒸馏酒与白酒蒸馏技术》一文，认为白酒蒸馏技术萌芽于宋，完善于元，发展于明清，甑式蒸馏器源于本土。⑥ 钱耀鹏认为，西汉时期带铭文的"鐎鐎"

① 杨军、徐长青：《南昌市西汉海昏侯墓》，《考古》2016 年第 7 期。
② 王金中：《海昏侯墓出土了一座最古老的"水钟"》，中国社会科学网，http：//www. cssn. cn/wh/wh_ kgls/201606/t20160606_ 3060289. shtml，2016. 06. 06。
③ 钱耀鹏：《西安新莽墓所出蒸馏器的使用方法及意义——兼谈海昏侯墓出土的蒸馏用具》，《西部考古》2017 年第 2 期。
④ 林荣贵：《金代蒸馏器考略》，《考古》1980 年第 5 期。
⑤ 冯恩学：《中国烧酒起源新探》，《吉林大学学报》2015 年第 1 期。
⑥ 陈剑：《古代蒸馏酒与白酒蒸馏技术》，《四川文物》2013 年第 6 期。

和"雍甒"均属于由釜、甑和盆三部分组成的分体甗,使用时以釜为蒸发单元,以甑和盆构成冷却单元,两个操作单元垂直连接,只能采用内接承露法。其将这种以分离固态和液态物质为主要目的、酒醅与水混置的蒸馏工艺称之为煮式蒸馏法。同时认为甗式蒸馏器应发源于中国古代的酿酒分离工艺,甚至可能发生在西汉以前。[①] 严小青通过对中国蒸馏提香术的研究,认为我国是最早拥有蒸馏技术的国家,中国与阿拉伯蒸馏提香术的发展时间、空间与特色各不相同。[②]

罗丰对内蒙古巴林左旗和河北青龙县出土的蒙元时期的酿酒锅进行了对比研究,认为巴林左旗出土的青铜锅在形制、功能上,与青龙县的青铜锅基本一致。青龙县出土的青铜锅在性质和功能上明显比巴林左旗出土的青铜锅要进步一些。[③]

对蒸馏酒出现的年代和渊源、传向的研究,是学界关注的课题之一。关于中国蒸馏酒的产生年代,目前学界主要有四种观点。

观点一:东汉说。不同的学者分别从文献、考古材料和模拟实验三个角度支持了东汉说。孟乃昌在《中国蒸馏酒年代考》一文中,通过引用《后汉书·方士列传》《神仙传》《抱朴子·内篇·杂应》三处文献,来说明东汉有高浓度酒;[④] 王有鹏以上海博物馆馆藏的蒸馏器实物以及四川新都、彭县(今彭州市)出土的东汉画像砖为主要根据,提出蒸馏酒起源于东汉晚期的观点;[⑤] 吴德铎于1986年在其《烧酒问题初探》一文中,也肯定了东汉说,根据安徽滁州黄泥乡出土和上海博物馆馆藏青铜蒸馏器型制一样器物,说明这种蒸馏器不是孤证。[⑥] 马承源则是通过

① 钱耀鹏:《西汉"鏖甒"与"雍甒"的使用功能研究——原始蒸馏器与熬煮式蒸馏工艺技术》,《西部考古》2017年第2期。

② 严小青:《中国古代的蒸馏提香术》,《文化遗产》2013年第5期。

③ 罗丰:《蒙元时期的酿酒锅与蒸馏乳酒技术》,《考古》2008年第5期。

④ 孟乃昌:《中国蒸馏酒年代考》,《中国科技史料》1985年第6期。

⑤ 王有鹏:《我国蒸馏酒起源于东汉说》,《深圳首届中国酒文化学术研讨会论文集》,广东人民出版社1988年版。

⑥ 吴德铎:《烧酒问题初探》,《史林》1988年第1期。

对实物材料的专题研究和科学实验①证实东汉说。

观点二：唐代说。袁翰青在《酿酒在我国的起源和发展》中认为，中国蒸馏烧酒不可能晚到 14 世纪的元朝。② 邢润川在《我国蒸馏酒起源于何时》一文中，通过出土的蒸馏器实物和文献等，说明唐代可能有蒸馏酒；③ 随后其在《论蒸馏酒源出唐代——关于我国蒸馏酒起源年代的再探讨》中，提出唐代有蒸馏酒的依据主要有二④：一是文献《本草纲目》和《唐书》的记载可以两相印证唐代有蒸馏葡萄酒；二是陈藏器的《本草拾遗》中提到"甄气水"即为蒸馏水，唐代已经出现了用蒸馏器来制蒸馏水的方法，自然也能用来蒸馏烧酒。李肖在《蒸馏酒起源于唐代的新论据》中认为，文献可以间接表明唐人已经把蒸馏器应用于葡萄酒的蒸馏上，唐代云安的"麹米春"是以米为原料制作的高浓度酒；⑤ 祝亚平在《从"滴淋法"到"钓藤酒"——蒸馏酒始于唐宋新探》中，以制酒过程中是否使用蒸馏法为标准，分析了唐代烧酒制作中的"滴淋"法及宋代"钓藤酒"的制作过程，认为晚唐时中国南方确实已出现了蒸馏酒。⑥

观点三：宋代说。曹元宇在《烧酒史料的搜集和分析》中，认为南宋《洗冤录》的"急救方"记载的烧酒，只有是高度数的乙醇，才具有燃烧特性，才可作为解蛇毒的药。曹元宇认为，北宋文献中提到的"复烧"即蒸馏的意思，推断暹罗酒即是烧酒；⑦ 20 世纪 60 年代，日本学者

---

① 马承源：《汉代青铜蒸馏器的考古考察和实验》，《上海博物馆集刊》1992 年第 6 期。
② 袁翰青：《酿酒在我国的起源和发展》，《中国化学史论文集》，生活·读书·新知三联书店 1956 年版，第 95—96 页。
③ 邢润川：《我国蒸馏酒起源于何时》，《微生物学通报》1981 年第 1 期。
④ 邢润川：《论蒸馏酒源出唐代——关于我国蒸馏酒起源年代的再探讨》，《酿酒科技》1982 年第 2 期。
⑤ 李肖：《蒸馏酒起源于唐代的新论据》，《文献》1999 年第 3 期。
⑥ 祝亚平：《从"滴淋法"到"钓藤酒"——蒸馏酒始于唐宋新探》，《中国科技史料》1995 年第 1 期。
⑦ 曹元宇：《烧酒史料的搜集和分析》，《化学通报》1979 年第 2 期。

筱田统在《宋元造酒史》一文中，对宋人吴自牧《梦粱录》中"水晶红白烧酒"、宋人范成大《荔枝赋》中"羞以烧春之浮醅"、宋人田锡《曲本草》中"暹罗酒以烧酒复烧两次……能饮之人，三四杯即醉倍"、宋人朱辅《溪蛮丛笑》中"钓藤酒"四处文献进行考证，提出了宋代说；①李华瑞在《宋代酒的生产与征榷》一书中，对宋代说进行了系统论证，指出南宋时已有制作蒸馏酒的"烧器"，即蒸馏器，认为中国蒸馏器的制作工艺是继承商周甑釜的传统工艺而来的。②林荣贵在《金代蒸馏器考略》一文中，将河北青龙县出土蒸馏器与唐宋时期有关文献或图录记载的丹药用蒸馏器，进行比对分析，寻找它们的共同特点：均由金属制成，蒸馏的路线表现为上下垂直走向，认为和同时期的阿拉伯叙利亚式玻璃蒸馏器有较大差异，后者的蒸馏路线是左右斜行走向。作者认为金元时期已经有蒸馏酒用器，蒸馏酒产生于宋代，元代得到广泛发展。③谢文逸在《论中国古代蒸馏酒的起源和蒸馏工艺的发展》一文中，分析了古代炼丹术中采用的"上、下釜"工艺，认为其与现代的蒸酒术有相似之处，同时提出我国在元代以前就有了蒸馏酒的生产；④方心芳在《关于中国蒸酒器的起源》中，根据我国传统的蒸酒器的冷却装置中冷却面是凹陷还是凸起的，将蒸酒器分为锅式和壶式。并认为我国传统形式的蒸酒器是有自己的渊源的，不能断言南宋之前一定没有蒸馏酒。⑤李华瑞经过对唐宋以来有关蒸馏酒史料的考释和分析，认为中国蒸馏酒不始于元，而是起始于唐宋，非外域传入。⑥

　　观点四：元代说。此说法也是长期以来科技史界的主流观点，李时

---

　　①　[日] 筱田统：《宋元造酒史》，薮内清编《宋元时代的科学技术史》，京都大学人文科学研究所 1967 年版。

　　②　李华瑞：《宋代酒的生产与征榷》，河北大学出版社 1995 年版。

　　③　林荣贵：《金代蒸馏器考略》，《考古》1980 年第 5 期。

　　④　谢文逸：《论中国古代蒸馏酒的起源和蒸馏工艺的发展》，《酿酒科技》2001 年第 3 期。

　　⑤　方心芳：《关于中国蒸酒器的起源》，《自然科学史研究》1987 年第 2 期。

　　⑥　李华瑞：《中国烧酒起始探微》，《历史研究》1993 年第 5 期。

珍在《本草纲目》中提到："烧酒，非古法也。自元始创其法。"美国学者劳佛尔在《中国伊朗编》一书中，认为蒸馏器是阿拉伯人发明的，中国的烧酒是 13 世纪以后才由外国传入的。① 英国学者斯蒂芬·F. 梅森在《自然科学史》中指出，经过蒸馏的烧酒是由蒙古人于 13 世纪传入中国的。② 黄时鉴在《阿剌吉酒与中国烧酒的起始》一文中，对唐、宋说进行了全面批驳，对元代说进行了系统论证。③ 王赛时就中国烧酒的名称及其发展变化的史实略作考述，并对李华瑞文所列举的烧酒史料逐条分析，来说明唐宋时期的烧酒并非蒸馏酒，④ 中国蒸馏酒的起始还应以元朝为确。

周嘉华在《中国蒸馏酒源起的史料辨析》一文中，对上述几种观点进行了辨析，认为元代已生产蒸馏酒的论断是有说服力的，同时也认为可能在元代之前，我国部分地区的少数人已经掌握了运用蒸馏技术来获得蒸馏酒，此酒只是少量制取，还未出现社会性的规模生产。⑤

上述研究成果为我们了解和认识古代蒸馏器与蒸馏技术提供了依据和参考，尽管学者们从不同角度进行了多方面的研究，但更多是从文献史料方面给予的认识，对中国古代蒸馏器还缺乏纵向的、系统的探讨，尤其缺少将器物模拟实验、内部结构、原理和功用结合进行的探讨，甚至对于蒸煮和蒸馏两种功用也存在一定混淆。

与酿造酒相比，蒸馏酒在制造工艺上多了一道蒸馏的工序，关键设备即蒸馏器。故蒸馏器的发明是蒸馏酒起源的前提条件，有蒸馏器未必一定被用来制作蒸馏酒，但有蒸馏酒必有蒸馏器为前提。确认蒸馏器的

① ［美］劳佛尔：《中国伊朗编——中国对古代伊朗文明史的贡献》，商务印书馆 1964 年版，第 63 页。
② ［英］斯蒂芬·F. 梅森：《自然科学史》，上海外国自然科学哲学著作编译组译，上海人民出版社 1977 年版。
③ 黄时鉴：《阿剌吉与中国烧酒的起始》，《文史》第 31 辑，中华书局 1988 年版。
④ 王赛时：《中国烧酒名实考辨》，《历史研究》1994 年第 6 期。
⑤ 周嘉华：《中国蒸馏酒源起的史料辨析》，《自然科学史研究》1995 年第 3 期。

年代，也为更好认识蒸馏酒的年代提供了借鉴和参考。

二 古代筒形器的研究

本研究以张家堡新莽墓和海昏侯墓出土的套合器为切入点，通过对两件套合器的仿制，进行模拟实验，来确认汉代带流套合器的属性，进而探讨它们的结构细节、功用以及工作原理。这两件套合器的主体部分皆为筒形器，从出土的材料看，铜制筒形器可追溯至晚商，主要流行于秦汉，见于各类日常用具，比如量器、盛酒器、温酒器、盛水器、粮仓、贮泥器、食物盛器等。筒形套合的蒸馏器与其他筒形器有无借鉴？筒形器为何能在汉代社会大行其道？由此引发了我们对秦汉社会盛行的诸多筒形器的关注。

关于古代各类筒形器的研究较多。王子今在《试谈秦汉筒形器》一文中称"平底、直体、圆筒形"之器为筒形器，并且对出土和文献记载的部分秦汉筒形器进行了归纳，他认为筒形器始于战国，盛于秦汉，衰落于魏晋，并认为秦汉时期，我国黄河流域广大地区盛产竹林，竹器在社会生活中占据重要地位，造型受竹器影响的不同材质的筒形器于是出现并得到普及。东汉以后，气候转冷，竹林发育的北界一再向南退却，造成魏晋以后筒形器逐渐稀见。[1]

商周时期，铜质筒形器的典型器物主要为筒形卣。筒形卣多带圈足，子母口盖，有提梁。学者们对该时期筒形卣的造型、来源和演变作了相应的研究，陈梦家在《中国青铜器的形制》一文中提出，筒形卣是以竹筒为原型发展而来的。[2] 岳洪彬等在《试论商周筒形卣》一文中，收集了出土的商周筒形卣，依据器物的形制、纹饰、风格，进行了形式分析，探讨筒形卣形制的演变过程。其认为铜质筒形卣的祖型为陶制筒形器，

---

① 王子今：《试谈秦汉筒形器》，《文物季刊》1993 年第 1 期。
② 陈梦家：《中国青铜器的形制》，《西周铜器断代》（上册），中华书局 2004 年版，第 525—539 页。

商式铜制筒形卣源于殷商晚期的同类型陶制筒形器，而周式筒形卣由商式筒形卣发展而来。① 梁彦民在《周初筒形卣研究》中对筒形卣的资料进行了收集，并分析了传世和考古出土的筒形卣的特征，认为筒形卣的源头在形式上尚不能确定，但可以肯定周式筒形卣的装饰风格源于殷墟青铜卣。② 胡嘉麟在《关于晚商时期筒形卣的几个问题——从中国国家博物馆收藏的马永盉谈起》③ 一文中分析了商式筒形卣与长江流域的瓿形器的形制关系，以及提梁连接结构的技术风格，认为南方青铜文化是商式筒形卣的一个重要来源。一种器型的出现，其所受的影响可能是多方面的，筒形卣在形制上可能受了竹筒、陶制筒形卣的影响，在提梁的铸造风格上又有南方瓿形器的影子。在纹饰上，西周筒形卣直接继承了商代青铜卣的装饰风格。

泥箐，是一种体型较小，用来存放封泥的青铜筒形器，带盖，有的还带铜匕和铜杆。孙机在《汉代物质文化资料图说》中称"贮泥之器有铜质之泥箐"④；王偈人在《泥箐浅议》一文中，收集了考古出土的部分西汉到东汉时期的泥箐，并介绍了泥箐所对应的墓葬年代、出土的情况、位置、形制等，认为泥箐是喜好收藏泥封之人制作的收藏工具；⑤ 赵宏亮在《也说泥箐》一文中认为"泥箐是少数有收藏封泥嗜好的人制作的收藏工具"的观点是不成立的，他认为"泥箐"名称来自1966年陕西省博物馆在西安征集的前凉生平十三年（369 年）的"灵华紫阁服乘金错泥箐"，乃是器物之名，其作为贮泥用具毋容置疑，⑥ 同时提出了泥箐中封泥的使用方法。

① 岳洪彬、苗红霞：《试论商周筒形卣》，《三代考古》，科学出版社 2009 年版，第308—321 页。
② 梁彦民：《周初筒形卣研究》，《考古与文物》2007 年第 2 期。
③ 胡嘉麟：《关于晚商时期筒形卣的几个问题——从中国国家博物馆收藏的马永盉谈起》，《中国国家博物馆馆刊》2017 年第 11 期。
④ 孙机：《汉代物质文化资料图说》，上海古籍出版社 2008 年版，第 283 页。
⑤ 王偈人：《泥箐浅议》，《东南文化》2013 年第 3 期。
⑥ 赵宏亮：《也说泥箐》，《东南文化》2014 年第 2 期。

铜漏，作为筒形器的一种，是古代的计时工具，通常筒状底内凹，子母口盖，底部带流口，上部多带提梁。目前出土铜漏数量已达数件，以汉代为最。《陕西兴平汉墓出土的铜漏壶》一文介绍了1958年在陕西兴平县（今兴平市）西汉墓出土的铜漏；①《内蒙古伊克昭盟发现西汉铜漏》介绍了1976年在伊克昭盟的一处沙丘上发现的铜漏，底刻"千章"，故而名"千章铜漏"；②曹斌等在《江西南昌西汉海昏侯刘贺墓出土铜器》③中详细介绍了2016—2018年清理江西南昌海昏侯刘贺墓时出土的一件铜漏。

学者对铜漏也有一些针对性研究，如对铜漏的形制来源进行了探讨，王振铎在《西汉计时器"铜漏"的发现及其有关问题》一文中分析了丞相府铜漏、汉银漏、西汉刘胜墓铜漏、西汉千章铜漏、西汉兴平铜漏五件汉漏，并与铜卮作对比，提出了铜漏的形制源于筒状有鋬的铜卮的观点。④还有针对某一铜漏的使用方法的探讨，如李强在《论西汉千章铜漏的使用方法》一文中，通过对西汉"千章铜漏"进行实验和文献查阅，认为该器只能用于记述某段时间，无法与古代的十二时辰制和十八时辰制配合使用，也不能用于天文观察。⑤李强的《马上刻漏考》一文据文献记载对"马上刻漏"进行了考释，同时根据汉银漏和满城中山靖王墓出土的汉漏的尺寸，推测"马上刻漏"可能的内部结构，并仿制了两个铜漏进行实验，但实验中发现该铜漏计时的时间过短，仅有3—5分钟，选择用堵塞流口的方法减缓液体流出，从而延长计量时间，⑥其认为"马上刻漏"的使用方法仍需探索。

还有一些关于筒形器定名的探讨。刘芳芳在《樽奁考辨》一文中，

① 茂陵文管所：《陕西兴平汉墓出土的铜漏壶》，《考古》1978年第1期。
② 伊克昭盟文物工作站：《内蒙古伊克昭盟发现西汉铜漏》，《考古》1978年第5期。
③ 曹斌、罗璇等：《江西南昌西汉海昏侯刘贺墓出土铜器》，《文物》2018年第11期。
④ 王振铎：《西汉计时器"铜漏"的发现及其有关问题》，《中国历史博物馆馆刊》1980年。
⑤ 李强：《论西汉千章铜漏的使用方法》，《自然科学史研究》1996年第1期。
⑥ 李强：《马上刻漏考》，《自然科学史研究》1990年第4期。

考察文献记载和考古出土的尊奁，认为奁是存放与梳妆有关之物，战国多为单层，汉代出现了以圆形为主、带盖的双层奁；尊则为战国出现的酒器，分为盆形和筒形两类，筒形尊——有盖或无盖，有的还带三足；[①] 冒言在《樽奁辨析》中介绍了考古出土的尊和奁，其所持观点与前者相同。[②] 刘芳芳在《战国秦汉漆奁胎骨刍议——兼谈漆器胎骨的演变》中考察了战国、秦汉的漆奁，认为漆奁源自楚国，最初可能以竹胎制奁，后来慢慢地出现了如木胎、铜胎及其他材料制作的奁。[③]

这些研究也从侧面反映出秦汉时期筒形器的使用已蔚然成风，而发掘报告中关于汉代各类筒形器的定名还存在一定的混淆，对于筒形器的关注度不够，目前还缺少系统的梳理与研究。

第四节　研究方法与意义

上海博物馆馆藏的汉代蒸馏器和河北青龙县出土的金代蒸馏器，均已被实验证明具有蒸酒功能。新莽套合器及海昏侯套合器都由釜、筒形器、器盖组成，形制不同于前两者，主要表现在复杂的筒形上分体及器盖等独特的结构。尽管有学者从观察的角度有过认识，但是对使用方法、工作原理等诸多地方，还存在值得商榷的地方。对它们的蒸馏功效、使用方法和蒸馏对象并未有更深入的认识。

在难以直接拿研究对象进行实验时，我们采用模拟实验，即模仿实验对象制作模型，并模仿一定条件进行实验。模拟实验是我们获取结论非常有效的方法。制作模型需要对器物结构熟悉，特别是一些内部细节会影响器物功用甚至实验的结果。在对原器物进行多角度观察和辩证思考分析后，最终落实器物的整体与细节。结合原器物尺寸与结构，制作

---

① 刘芳芳：《樽奁考辨》，《东南文化》2011 年第 4 期。
② 冒言：《樽奁辨析》，《文博》2018 年第 1 期。
③ 刘芳芳：《战国秦汉漆奁胎骨刍议——兼谈漆器胎骨的演变》，《中国生漆》2013 年第 3 期。

张家堡和海昏侯套合器的仿制品。以其为实验装置，有选择地进行模拟实验，观察和记录实验现象，分析实验结果。

从观察和模拟实验的角度，来确定新莽套合器和海昏侯套合器的蒸馏属性，了解不同蒸馏器的蒸馏效能和用途。结合实验结果，对汉代蒸馏器的原理、结构进行重新认识。

对出土的不同时代蒸馏器进行结构的比对分析，探讨中国古代蒸馏器发展特点，并对汉代出现蒸馏器的社会和技术原因进行探讨。与西方蒸馏器和蒸馏技术进行比对，揭示出中国蒸馏器与蒸馏技术应该是独立起源的。

汉代的筒形蒸馏器进一步引发了对汉代筒形器的梳理，目前关于筒形器的概念并没有严格的界定，筒形器是对筒状类器皿一个比较模糊和笼统的称谓。在考古发掘报告中，经常会出现尊、奁、鋞等混淆使用的情况。尝试对不同类型筒形器的定名进行辨析，为今后考古工作提供借鉴。并对筒形器与蒸馏器的渊源进行探讨，了解汉代的造物理念，丰富我们对汉代物质生活资料的认识。

古代蒸馏器具有提香、炼丹、蒸酒等功能，一直是古代蒸馏技术的实物载体，希望本研究一方面能从考古实物角度更好地了解古代蒸馏器和蒸馏技术的发展，另一方面能为我们窥探古代蒸馏技术、古代生产力水平、古人生活方式与状态，提供一个新视角。

第五节　主要内容与相关概念界定

一　主要研究内容

本书分为七部分，引言介绍选题由来、研究现状以及研究思路和意义；第二章介绍了对商代汽柱甑和青铜甗蒸煮属性的认识，将蒸煮与蒸馏进行区分；第三章对张家堡和海昏侯出土套合器进行仿制，并进行蒸馏酒和蒸馏花露的模拟实验和结果分析，在此基础上对器物属性、效能进行判断；第四章结合实验，多角度对器物功用、结构、原理进行进一步探讨；第五章通过对不同时代的蒸馏器分析进行比对，梳理出蒸馏器的渊源、发展、演变规律及其特征。并在此基础上，对于汉代蒸馏器出现的社会和技术背景进行探讨，与西方蒸馏技术进行比较；第六章由汉代蒸馏器主体的筒状造型，引发对筒形器的思考，对不同类型筒形器定名进行辨析，进而对汉代造物观有进一步认识。

二 相关概念界定

对古代蒸煮器和蒸馏器的区分，是以蒸发和蒸馏作为判别依据的。蒸发的目的就是将溶液中的固体溶质分离出来，如蒸发氯化钠溶液分离出食盐；蒸馏则是用来分离沸点不同的两种混合液体，如水和酒精的混合液体，因为两者沸点不同，把温度控制在酒精和水的沸点之间来分离两者。

蒸馏是指利用混合物中各组分挥发性的差异，通过加热的方法，使混合物形成气、液两相系统，易挥发组分富集于气相中，而难挥发组分富集于液相中，从而实现混合物分离的质量转移过程，属于热力学分离技术。① 简而言之，蒸馏是利用液体的汽化及其逆过程完成分离的工艺技术。在工业蒸馏过程中，由于混合物各组分的挥发性不同，分离要求不尽相同，因此还有简单蒸馏、精馏等分类。

蒸馏器是蒸馏原理实现的载体，是利用蒸馏法对物质进行分离的器具。即利用液体混合物中各组分挥发度的差别，使液体混合物部分汽化，并随之使蒸汽部分冷凝，从而实现其所含组分的分离，是一种传质分离的单元操作。

对古代蒸馏器的研究，离不开对其构造、原理的分析。古代蒸馏器和现代蒸馏器的器型，存在很大的差异，但其原理本质上是一致的。相

---

① 蒋维均：《化工原理》，清华大学出版社 2010 年版，第 175 页。

比现代蒸馏设备，古代的蒸馏器可能较为原始，但应该满足蒸馏的基本要求。故而对古代蒸馏器的研究，我们依据蒸馏的原理，将古代蒸馏器分成几个必需部分：

蒸汽生成部分：可以直接火源加热反应釜，也可以多选择下釜作为受热的载体：通常将水置于下釜中，通过底部受热，釜内产生蒸汽，利用蒸汽蒸出上釜（甑）算上置放物的有效成分。

装料部分：相当于反应釜，也有称之为上釜的，用于置放醅料或花瓣等物。

冷凝部分：方心芳把我国传统的蒸酒器冷凝装置分为两种形式：一是锅式，二是壶式。① 壶式主要用于河北省和东北地区，其他地区多用锅式。二者的差异主要是锅式的冷却面凹陷，壶式的冷却面凸起。借鉴上述分类，我们将冷凝器分为两种，一种是正置的天锅，锅内盛放冷水（也可以是其他装置），通过水冷凝的方式快速得到冷凝液。另一种是采用倒扣的天锅，蒸汽上升后遇到天锅，通过空气冷凝的方式得到冷凝液。

收集部分：对蒸汽冷凝后的液体的接收装置。冷凝液按承接、收集方式的描述，可分为内承式和外承式。② 内承法是指在器物内部承露的方法，把碗或盘等承接器置于上釜里面，当蒸汽遇器壁冷凝，冷凝液被置于器物内部的碗或盘承接，从而获得所需的液体。如云南藏族家酿的青稞酒，采用的就是内承法，他们用缸代替釜甑，直接架于灶台之上。青稞酒醅和水一起加入缸内，水量不超过酒醅。用桶作接收器，直接置于缸内。以圜底或小平底盆作冷却器皿，置于缸口并加注凉水，然后用布密封缸口，防止气体泄露。外承法是在蒸馏过程中采用外接承露的收集方式。上、下两部分的套合装置中，在上分体的底部设有集液槽和流口，冷凝液滴落至集液槽，从流口流入外部的接收器。

---

① 方心芳：《关于中国蒸酒器的起源》，《自然科学史研究》1987 年第 2 期。
② 钱耀鹏：《西汉新莽墓所出蒸馏器的使用方法及意义——兼谈海昏侯墓出土的蒸馏用具》，《西部考古》2017 年第 2 期。

冷凝器方式和收集方式有一定关联。锅式冷却面对应内承法，壶式对应外承法。锅式蒸酒器比壶式结构上要简单一些。使用内承法，把承接器放置在天锅下面，随着冷凝液体的不断产生，承接器满后，需打开器物，将承接器中装满的液体倒出，再重复操作。而采用外承法可以保证蒸汽的连续冷却，工作不间断，从而提高蒸馏的效率。

古代器物同时满足以上几个部分，就可以实现蒸馏，故而我们以上述结构存在与否，来界定器物是否具有蒸馏功用，是否是蒸馏器。

将模拟实验中蒸馏酒和蒸馏花露中涉及的部分概念予以界定。

蒸馏酒：蒸馏酒是把经过发酵的酿酒原料，经过一次或多次蒸馏，获取纯度略高的酒液。其制取原理是利用酒精与水的沸点之差，将原发酵液加热至超过酒精的沸点（78.5℃）而低于水的沸点（100℃），就能得到沸点低的酒精，经过收集、冷凝后可以获取酒精含量较高的液体。

模拟实验分别选取发酵的酿酒原料——酒醅和酒醪进行蒸馏酒提取，因其需要分别放置于箅上和下釜中，方便起见，也将这两种情景模拟简称为水上蒸馏和水下蒸馏。

发酵：是指可发酵性糖，经过一系列化学反应生成酒精的过程。按照酿酒发酵的特点，可以将发酵的方式分为：液态发酵、固态发酵、半固态发酵（又称半液态发酵）。

固态发酵是指原料与曲相互混合后，在几乎没有自由流动水的状态下进行的微生物发酵过程，[1] 发酵完成后原料通常被称为酒醅。通常将经过发酵而没有蒸馏的酒糟也称为酒醅。

半固态发酵是原料浸泡至膨胀后，进过蒸煮，摊冷，拌曲，半密封糖化（一般2天左右），再加水全密封后，形成酿醪的过程。[2]

液态发酵是将原料经浸泡至膨胀后，经过蒸煮，摊冷，拌曲，加水，

---

① 徐福建、陈洪章、李佐虎：《固态发酵工程研究进展》，《生物工程进展》2002年第1期。
② 章克昌主编：《酒精与蒸馏工艺学》，中国轻工业出版社2014年版，第420页。

密封，进行糖化发酵的过程。① 半固态发酵和液态发酵完成后的原料，通常都被称为酒醪。

膨胀是指作为一种亲水胶体的淀粉，遇到水后，水分子在渗透压的作用下，渗入颗粒内部，从而使自身分子的体积和重量增加的现象。②

曲是一种糖化发酵剂，是酿酒发酵的原动力。③ 酒精的生产离不开糖，但是在一些酿酒的原料中不一定都含有糖，这时就需要对一些不含糖的原料进行工艺处理，从而得到所需糖分。用淀粉质原料生产酒精时，一定要事先将淀粉全部或部分转化成葡萄糖等可发酵性糖。

酒曲上生长有大量的微生物，还有微生物所分泌的酶（淀粉酶、糖化酶和蛋白酶等），酶具有生物催化作用，可以加速将谷物中的淀粉、蛋白质等转变成糖、氨基酸。糖分在酵母菌的酶的作用下，分解成乙醇，即酒精。同时，酒曲本身含有淀粉和蛋白质等，也是酿酒原料。

淀粉糖化：把谷类或其他含有淀粉的物质中的淀粉，通过淀粉酶的作用，转化成糖，同时存在的蛋白质，也被蛋白酶所分解。

水蒸汽蒸馏法：蒸馏花露时用到的水蒸汽蒸馏法，系指将含有挥发性成分的植物材料与水共蒸馏，使挥发性成分随水蒸汽在低于100℃的情况下随水蒸汽一起被蒸馏出来，从而达到分离提纯的目的。水蒸汽蒸馏原理：当水和有机物一起共热时，整个体系的蒸汽压力根据分压定律，应为各组分蒸汽压之和。即 $P = PA + PB$，其中 P 为总的蒸汽压，PA 为水的蒸汽压，PB 为不溶于水的化合物的蒸汽压。当混合物中各组分的蒸汽压总和等于外界大气压时，混合物开始沸腾。而混合物的沸点比其中任何一组分的沸点都要低些。因此，常压下应用水蒸汽蒸馏，能在低于100℃的情况下将高沸点组分与水一起蒸出来。

普通蒸馏是根据沸点的不同，达到分离。水蒸汽蒸馏法只适用于具

---

① 章克昌主编：《酒精与蒸馏工艺学》，中国轻工业出版社2014年版，第420页。
② 章克昌主编：《酒精与蒸馏工艺学》，中国轻工业出版社2014年版，第70页。
③ 章克昌主编：《酒精与蒸馏工艺学》，中国轻工业出版社2014年版，第42页。

有挥发性的，能随水蒸汽蒸馏而不被破坏，与水不发生反应，且难溶或不溶于水的成分的提取。水蒸汽蒸馏一般有两种处理模式：一种是原料和水置于容器中进行的蒸馏，简称为水中蒸馏；另一种是将原料置于容器的筛板（箅）上，利用加热时水所产生的水蒸汽将原料的挥发性有机成分带出，简称水上蒸馏或水汽蒸馏。[①] 蒸馏酒实验用到的是普通蒸馏，蒸馏花露实验用到的是水蒸汽蒸馏。

[①] 郭丹丽、王自健等：《水中和水上蒸馏法制备薰衣草精油及成分比较分析》，《香料香精化妆品》2017 年第 2 期。

第二章　商代汽柱甑和青铜甗的属性再探

"甑"和"甗"均为我国古代的蒸器,《说文解字》中有"按甑所以炊烝米为饭者,其底七穿,故必以箅蔽甑底。而加米于上"[①] 和"甗也,从瓦曾声"。

甑,作为古代蒸饭的一种瓦器,其底部有许多用来透蒸汽的孔格。甑很少单独存在,多置于鬲上,用来蒸煮食物。甗原为烹饪用的厨具,后作为礼器流行于商至汉代。其造型可分为上下两部分,上部分为甑,甑底部有带孔的箅,箅子用来放置食物。下部是鬲(古代炊具,样子像鼎,足部中空),用以煮水,高足间可烧火加热。加热使得鬲中的蒸汽上行,将甑中的食物蒸熟。甗的上下两部分可以是一体铸造成形,也可以分体套合而成。甗在商代早期至西周晚期,多为甑鬲合体的。商代的甗,一般甑部较深,比例上略大于鬲部,多为立耳。西周的甗,甑部与鬲部的高度相差不大,附耳较多。西周中期开始出现方甗。春秋以后,甗的甑部多为大口斜腹的式样,即甑的口径要远大于其底径。

第一节　妇好汽柱甑属性的再认识

陶甑是青铜甑的前身,杭州萧山跨湖桥遗址出土的距今7000—8000

---

① (东汉)许慎撰,(清)段玉裁注:《说文解字注》,上海古籍出版社1988年版。

年的陶甑是迄今发现最早的甑。此件陶甑形似釜，底部带有多个孔（图
2－1）。使用时，应是将其放置在另一个炊器之上，利用水蒸汽透过小
孔来熟食。陶甑的出现，表明了跨湖桥人已经懂得对蒸汽的利用，无疑
这是人们懂得蒸汽原理并对谷物烹饪有了新的要求之后的产物。① 之后
在城背溪文化、大溪文化、屈家岭文化、仰韶文化、龙山文化等古文化
遗址中，也都有陶甑的出土。

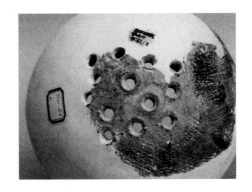

图 2－1　跨湖桥遗址出土陶甑②全图与局部放大

青铜甑在商周至秦汉时期，都较为常见。殷墟妇好墓出土的商代青
铜汽柱甑是目前学界存有争议的一件器物。该青铜汽柱甑，于 1976 年出
土于安阳殷墟妇好墓，又称妇好甑。其外观似敞口深腹的大盆，在甑的
腹部外有一对附耳，青铜汽柱甑的特别之处，在于其底内中部有一个中
空透底的圆柱，柱头呈立体的花瓣形，四片花瓣围绕着一个中心突出的
花蕾，花蕾表面有四个柳叶形的镂孔（图 2－2）。腹内壁上有"好"字
铭文，在沿口的外壁，有两组纹饰，上部是夔龙纹，下部是一周变体蝉
纹，两组之间以较细的凸弦纹分隔（图 2－3）。汽柱甑口径 31 厘米，通
高 15.6 厘米，柱高 13.1 厘米，重 4.7 千克，推测该器物可能是与鬲或

---

① 徐大钧：《跨湖桥走笔——观跨湖桥遗址博物馆》，《前进论坛》2015 年第 3 期。
② 源自跨湖桥遗址博物馆陈列厅。

釜类炊具配合使用的。

图 2-2　妇好青铜汽柱甑

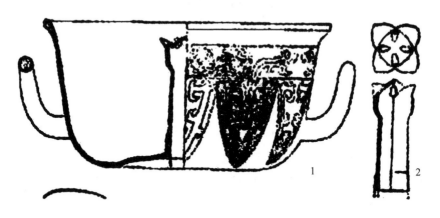

图 2-3　商妇好青铜汽柱甑俯视图[1]

---

[1]　张贵余：《一座蕴藏殷商灿烂文明的宝库（下）——妇好墓青铜器》，《荣宝斋》2016年第 8 期。

　　关于汽柱甑的属性，学界主要有两种看法。多数认为汽柱甑是一种炊具，是中国最早"汽锅"的原型。使用时将其置于鬲上，利用蒸汽来蒸制食品。蒸汽通过中空的内柱进入甑内，并从柱头的镂孔散发开来，如果上部加有严密的盖，柱头散发的蒸汽则弥漫于甑体内，其热量可以把围绕中柱放置的食物蒸熟。有学者将妇好汽柱甑称为中柱盂形器，即由盂形、盘形或盆形内底竖立一根空心或实心的中柱组成的器物，称之为中柱盂形器，也称作"空柱盘""中柱盂"或"中柱盆"等。对其属性认识不变：妇好墓出土的这件中柱盂形器下部可能是与鬲等炊器共同组成类似甗的器物，其用途和古代的甑、甗或现代蒸笼、汽锅类似，属于炊器。① 中柱盂形器在商代不是个例，如安阳侯家庄 M1005 出土的两件旋龙花瓣中柱盂（图 2-4），高 14.2—15.7 厘米，口外径 25.7 厘米，足径 16.3 厘米，器内立柱上空下实，柱的上端作六瓣花形，围绕中

图 2-4　侯家庄旋龙盂及其俯视、剖面图②

---

① 李丽娜：《试析中国古代中柱盂形器》，《中原文物》2015 年第 1 期。
② 李丽娜：《试析中国古代中柱盂形器》，《中原文物》2015 年第 1 期。

柱设四条龙，上躯分开，各个昂首挺胸，两条尖角，两条钝角，间隔排列，追逐旋转，下肢连在一起，结成转盘。

有研究者对该件汽柱甑的属性提出了不同看法，认为这件青铜汽柱甑非普通蒸制食品的甑。推测其有可能是用于蒸制流质或半流质食品的，更有可能是蒸馏酒的器具，并推测至少商代就可能有了蒸馏器。认为汽柱甑可作为原始蒸馏酒设备的关键性构件，推测其具体用法可能有三种①。一是把汽柱甑放在甗上使用，甗的上半部分装发酵好的酒料，下半部分盛水，汽柱甑上放置一铜盆，内盛凉水。甗受热后，蒸汽通过汽柱上升，遇到盛放凉水的盆底凝结为液滴，液滴沿盆底滴落到汽柱甑内储存。在整个过程中，盆内的水需要不断地更换。二是把汽柱甑放在鬲上，甑上置凉水盆，鬲内盛浊酒，鬲下燃火，浊酒蒸汽经汽柱上升，遇盛放凉水的盆底凝结为液滴，储于甑内。三是汽柱甑不直接架设于鬲、甗之上，而是把鬲、甗内蒸汽通过管道导入汽柱甑进汽口。

我们认为，器物在使用过程中究竟仅是利用到蒸汽，还是同时用到蒸汽和蒸汽的冷凝液，是区分蒸煮器和蒸馏器最关键的地方。上述推测的几种使用方法都值得进一步商榷。铜盆盛冷水用于冷凝，上升蒸汽碰到冷的铜盆底后冷凝，液体滴落到甑内收集，甑在此作为蒸馏液的接收容器。加热产生的蒸汽通过中空的内柱进入甑内，并从柱头的镂孔散发开来，由于上部加有铜盆，柱头散发的蒸汽无法外泄而只能弥漫于甑腹内，甑内温度难以满足冷凝的条件，会使液体重新汽化，效率太低。把鬲、甗内蒸汽通过管道导入汽柱甑，导入蒸汽极易伤人，且不易操作与实现。

将甑柱周围的空间当成蒸汽滴落的存储地，这种思路应该是行不通的。蒸汽的蒸发和冷凝应是两个独立的单元系统，甗或鬲下面持续加热，甑内温度可能一直居高不下，而蒸发和冷凝对温度要求明显是有差别的。

---

① 杜金鹏：《妇好墓汽柱铜甑可用于蒸馏酒》，《中国文物报》1993年9月12日第3版。

让汽柱甑同时具备蒸发和冷凝两个功效，其效果不言而喻。

妇好汽柱甑出土时器内外未发现明显的烟炱痕或水痕，而用丝织品包裹，有认为其与其他商代晚期高等级墓葬出土青铜器一样，是作为礼器随葬，而非实用器。然而我们将其与其同时代且形制极其近似的侯家庄 M1005 出土的两件旋龙花瓣中柱盂相对比，后者柱上空下实，实际中蒸汽无法通过。因此此类中柱盂用途与妇好汽柱甑形器可能有所不同，侯家庄中柱盂作为礼器而非实用器随葬，以事神或敬天的可能性较大。妇好汽柱甑尽管出自高规格墓葬，制作精致，亦未发现明显的使用痕迹，但其中空柱的设计、制作明显不同于前者。随葬品是私有制在丧葬礼俗中的表现，它标志着墓主人的身份和等级。随葬品的出现、发展是与人们的社会意识、宗教信仰密切相关的。中国自古就有"事死如事生"的传统观念，古代墓葬中的随葬器物多为生活实用物或专为死者而制的明器，想象着死者能在另一个世界继续使用。虽然此器物不排除作为礼器之用，但是此礼器的大小、结构、做工很大程度上借鉴和反映出实用器的结构和功效。

甗在使用过程中，蒸汽碰到器盖会滴落，能否对滴落的液体再利用？青铜汽柱甑或许是受此启发，先人们在箅板的位置上设汽柱，这样，汽柱周围就形成了环形的容器空间。一旦对下面的鬲持续加热，热水产生的蒸汽会顺着汽柱内的管道升腾，上升到甑内，由于甑口上加盖，形成密闭的小空间，水汽无从散溢，便重新凝结成水液并下落，汇集在汽柱周围的环形锅体中，变为清汤。汽柱甑的这种结构表现的是对食物精益求精的制作的一种反映，由此加工的食物或许口感更为醇厚。

蒸馏需要蒸发和冷凝两个单元，但上述对青铜汽柱甑推测的几种蒸馏方法，均只能满足蒸发这一个要求，而缺少必要的冷凝装置和进行冷凝的温度条件。蒸煮和蒸馏的区别，体现在设备上两个关键部件——汇液槽与导流管的有无。故而我们认为青铜汽柱甑应该没有冷凝功效，属于蒸煮器而非蒸馏器。

第二节 分体铜甗的演变

铜甗是先秦至两汉时期的代表性器物之一，其前身为陶甗。新石器时代晚期至商周时期，陶甗在黄河流域就已经流行。早期的陶甗如山东省诸城市大汶口文化遗址的夹砂红陶甗（图2-5）和山东省青州市桃源遗址出土的龙山文化时期黑陶甗。夹砂红陶甗高27.7厘米，口径16.5厘米，上部形似深腹盆，无底，下部形似深腹鼎，束口。上下两部分中空相通，三足外撇而立。龙山文化时期的黑陶甗高36厘米，口径21厘米，侈口、尖唇、束颈，肩腹下内收，束腰成三袋足。底有箅，箅下有圆裆，三足尖而细（图2-6）。

图2-5 夹砂红陶甗　　　　　　　　图2-6 黑陶甗

　　陶甗多一体甗，铜甗根据结构不同，有一体甗、联体甗及分体甗等。一体甗是由甑、鬲连体，一次浇铸而成的器物，甑底有箅或放置竹箅，鬲分裆，有三袋足。联体甗指甗的数量不止一件，几件甗共存，同时使用。分体甗则是由上下两部分组成，可套合，也可分拆开。陕西宝鸡石鼓山商末周初的墓葬就出土有多件青铜甗。① 其中墓葬 M4 出土 4 件，M3 出土 1 件（图 2 - 7），有学者进行过观察分析，发现这几件甗大小相近，甑、鬲一体。② 甑敞口、斜弧沿、方唇，索状立耳；鬲分裆、袋腹、三足近柱状，袋足上饰有兽面纹，纹饰线条宽厚，裆部有范线。甑腹向下斜收至束腰处，与鬲部接连。甑底有箅，甑内壁突出三个小角，在同一平面以挡箅，箅有箅孔和桥形钮。显然，这一时期，一体甗是主流。

图 2 - 7　陕西宝鸡石鼓山出土商末周初铜甗

万甗（M3：6）　　父辛甗（M4：307）　　铜甗（M4：203）（M4：311）（M4：102）

　　目前已知最早的分体铜甗是商代晚期的妇好分体甗（图 2 - 8），收藏于中国社会科学院考古研究所，由甑、鬲分体套合而成，通高 35.3 厘米，鬲高 22 厘米。其中甑大口平沿，甑口有凹槽，可置盖，甑底部有带孔箅。甑体上置有吊环，可以吊起来悬空使用，也可直接放在灶台上。在鬲的底部，存在厚厚的烟炱，推测该器物为实用器。

---

① 王占奎、丁岩等：《陕西宝鸡石鼓山商周墓地 M4 发掘简报》，《文物》2016 年第 1 期。
② 丁岩：《宝鸡石鼓山几件青铜礼器的仿制观察》，《文博》2018 年第 6 期。

图 2 - 8 妇好分体甗①   图 2 - 9 四蛇饰甗

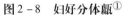
西周 故宫

西周时期，分体甗数量有所增加。故宫博物院的四蛇饰甗即是该时期的代表（图 2 - 9）。该甗器形厚重，高 44.7 厘米，宽 33.7 厘米，口径 28.7×23.2 厘米，重 12.3 千克。甑呈长方斗形，直口附耳，口内无隔，腹高深，上部外侈，下部收敛，平底上有箅孔，甑下有榫圈，是为子口。鬲直口附耳，口内有用来插甑之榫圈的凹形母口，肩四角各饰以盘蛇，蛇上颈昂起，双眼凸于头顶处。鬲鼓腹，饰四球，分档线连于腰际，足为蹄形。甑腹饰有三层勾连雷纹，耳饰变体重环纹，鬲腹饰蛇纹，四条盘蛇身上饰鳞纹。

带有铭纹的方形甗在西周时期不是单例。如洛阳马坡出土的师□方甗（图 2 - 10），高 33.3 厘米，口径 23×19.5 厘米；西周晚期的叔硕父

---

① 张贵余：《一座蕴藏殷商灿烂文明的宝库（下）——妇好墓青铜器》，《荣宝斋》2016年第 8 期。

方甗（图2-11），高45.8厘米，口径30.5×23.3厘米；1978年山西闻喜上郭村出土的西周晚期董矩方甗（图2-12），高37.5厘米，甑、鬲分铸，甑侈口，折沿，立耳，插入下部鬲口。鬲侈口，束颈，鼓腹分档较浅。下连四蹄足，肩设附耳。甑体饰兽目交连纹和兽体卷曲纹。

图2-10　师□方甗
西周中期　洛阳市博物馆

图2-11　叔硕父方甗
西周晚期　上海博物馆

　　齐文化腹心地区曾出土了几件西周晚期到春秋时期的分体甗。1978年曲阜鲁国故城出土鲁中齐铜甗（图2-13），由甑和鼎组成，甑方唇、敞口、束颈、收腹，颈部有对称附耳，上饰重环纹，腹部波曲纹。甑底部一周凸棱，下有楔形子口，甑底多个十字形孔。腹内18字铭文。鼎口为楔形母口，束颈、附耳、鼓腹、圆底、兽蹄足。该甗通高41厘米，口径31厘米。2019年4月19日，中国国家博物馆与山东省文化和旅游厅、山东省文物局、淄博市人民政府联合主办的"海岱朝宗——山东古代文物菁华"，进行了为期近三个月的展览，其中就有一件莒县博物馆藏的分体甗——齐侯甗（图2-14）。该青铜甗是为数不多的带有"齐侯"铭文的礼器之一。春秋早期的分体甗还有三门峡虢国墓出土的一件兽目交联纹甗（图2-15），高38.9厘米，甑口长26厘米，口宽21.7厘米。

图 2-12　董矩方甗

西周晚期　山西考古所

图 2-13　鲁中齐铜甗[①]

西周晚期　孔子博物馆

图 2-14　齐侯甗

春秋

图 2-15　兽目交联纹甗

春秋

① 徐倩倩：《鲁中齐铜甗》，《齐鲁学刊》2015 年第 6 期。

　　春秋时期的分体甗，形式差别很大。如河南新郑出土的春秋时期带环纹甗（图2－16）与上述四蛇饰甗套合结构相似，甗高61.5厘米，宽47.4厘米，重28.8千克。甑为长方深箱形，侈口，立耳，口内有隔，大腹，腹壁斜收，平底有箅孔，下部有插入鬲口的榫圈。鬲为侈口斜肩，肩上有一对圆角方耳，平裆蹄形足。而出土于太原市金胜村赵卿墓，现收藏于山西博物院的一件春秋时期的牛头双身蟠螭纹甗（图2－17）形制与上明显不同，该甗高29.5厘米，口径22.5厘米，上甑下鬲，甑置鬲上，严丝合缝。甑折沿，厚唇略外撇，直颈，下腹内收成平底，箅圆形，箅孔为辐射形。颈的两侧有一对兽面铺首衔环。颈和下腹部均饰"S"形夔凤纹带。鬲直口，肩部微鼓，鼓腹，腹壁下半部内收成平底，三蹄足。肩部有一对兽面铺首衔环。肩部饰一周牛头双身蟠螭纹。

图2－16　带环纹甗

春秋　故宫博物院

图2－17　牛头双身蟠螭纹甗

春秋　山西博物院

　　战国早期的分体甗有陕西凤翔高王寺出土的交龙纹甗（图2－18），

此甗高 30.6 厘米，口径 19 厘米。1980 年，四川省博物馆工作人员在新
都马家乡墓发掘出土了一件战国中期三角纹分体铜甗（图 2 - 19），该甗
的甑与鬲分体套合，甑双立耳，甑底有带孔圆箅，鬲为三兽足，素面，
甑饰三角纹、雷纹。

图 2 - 18　交龙纹甗 　　　　　　　图 2 - 19　三角纹分体铜甗①

战国早期　凤翔县　博物馆 　　　　　战国

战国中晚期，分体甗除了延续之前的上甑下鬲的套合结构，还出现
了新的形式，如河南辉县固围村出土的战国青铜甗（图 2 - 20）。该甗上
为甑，下似釜，上下体分别铸造，器物通高 43 厘米，口径 35 厘米。甑
直口微敛，铺首衔环耳，鼓腹，小底有箅，箅孔为十字形，内环列 20
孔，外环列 33 孔，中腰饰凸弦纹一周。釜直口，高颈，套环耳，深圆

---

① 四川省文物管理局：《新都区马家乡战国墓出土铜器》，《四川文物志》（上），四川出
版集团 2005 年版。

腹，平底，中腹饰凸起绳索纹一周。这种上甑下釜形式在汉代更为普及，汉代铜甗通常由甑、釜两部分或甑、釜、盆（器盖）三部分（图2-21）组成，甑可以套在釜唇上，严丝合缝，甑底部有圆孔箅。使用时上面覆钵或倒扣一盆。

图2-20　青铜甗　　　　　　　　　图2-21　铜甗①

战国中晚期　国家博物馆　　　　　汉代

联体甗极为罕见，它可看作是分体甗的一种特殊类型。目前仅有商代晚期的妇好三联甗（图2-22）属于此类。该器物高44.5厘米，器身长103.7厘米，宽27厘米，重量138.2千克。由长方形六方足器身和三件甑组成。器身上有三个凸起的喇叭状圈口，圈口口沿饰三角纹和勾连雷纹。案面绕圈口有三条盘龙纹，四角饰牛头纹，四壁上饰夔纹和圆涡

① 杜平安：《新郑出土的一件汉代铜甗》，《中原文物》2001年第3期。

纹，下饰三角纹。三个圈口内置三件甑，甑敞口收腹，底微内凹，口沿下饰两组饕餮纹，甑内壁和两耳处外壁均有铭文"妇好"两字。因长方形器身和三件甑的纹饰风格一致，甑底和器身圈口大小相当，它们应是一套器物。该器物可以用来蒸煮食物，且器物腹足有烟炱痕迹，应为实用之器。

图 2 - 22　妇好三联甗[①]

　　分体甗与一体甗一样，流行于商至汉代，造型分上下两部分。上部甑用以盛放食物，甑底是有孔的箅，以利于蒸汽通过；下部鬲用以煮水，高足间可烧火加热。分体甗最早出现在商代，商代分甗纹饰简单，甑大口平沿，甑上的环可以有多种用途，鬲分裆，柱状足，上部分比例大于鬲部。殷墟妇好墓出土的三联甗是极个别的特例，算是分体甗的一种特殊类型。

---

① 吴樾：《妇好三联甗——神巫文化与人本文化思想的交汇》，《艺术科技》2013 年第 4 期。

西周分体甗数量增多，器体厚重，有长方形甗和圆甗。多直耳，侈口，束腰，袋状腹，鬲鼓腹，分裆线连于腰际，足多为蹄形。晚期多用兽面纹装饰。西周时期分体甗甑部与鬲部的高度相差不大，附耳较多，有的分体甗在下半部也加附耳。

春秋战国时期，厚重感消弱，器身变薄，袋足消失，兽纹逐渐被几何纹取代，许多器物不再有纹饰。甗上下比例趋于均衡，多为立耳。方形甗的甑为长方深箱形，侈口，立耳，腹壁斜收，平底有箅孔。鬲为侈口斜肩，肩上有方耳，平裆蹄形足。圆甗的甑折沿，直颈，下腹内收成平底，后期甑体多有兽面铺首衔环和纹饰。鬲直口，肩部微鼓，鼓腹，三蹄足，肩部有一对兽面铺首衔环。战国时期已经不见方甗，上甑下鬲与上甑下釜同时存在。这种上甑下釜的套合青铜甗作为战国中晚期出现的新形式，在汉代更为普及。汉代分体铜甗通常由两部分或三部分组成，甑、釜套合，使用时上面覆钵或倒扣一盆。

图 2－23　山东临沂东汉画像石"庖厨图"①（局部）

---

①　杨爱国：《汉画像石中的"庖厨图"》，《考古》1991 年第 11 期。

山东临沂白庄出土的一幅汉代画像石庖厨图（图 2 - 23）刻画了汉代厨房里的场景，庖厨图中有两间厨房，一间反映出两名厨师在烹饪；一间为储藏室，内置鸡、鱼、猪等肉类食品。厨房有灶，灶上放着的器具，从形制上看应该是上甑下釜。这幅汉代画像石是这一时期饮食习俗的写照，也说明汉代炉灶和炊具在厨房生产活动中的运用。

从陶甗到青铜甗，都用于食物的蒸煮。一些新的研究成果还揭示出青铜甗有其不为人知的另一种用途。1984 年，唐际根发现殷墟祭祀坑中的青铜甗中装有人头，初始以为人头是偶然掉落进青铜甗中，直到考古学家发现了第二个装有人头的青铜甗。经过仔细研究以及比对分析，包括对人头骨进行了锶同位素水平测量等，考古学家发现青铜甗中的人头骨确实曾被蒸煮过，其身份是外族人而非商朝本地人，从而表明商代存在吃人脑的野蛮习俗。[①] 但无论一体甗和分体甗，功用未改，均为蒸煮炊具。

出土的青铜甗有时以"甗鍑"来命名，如张家堡汉墓出土一件套合青铜器，发掘报告称其上部为甑，下部为铜鍑。鍑，大口锅，属炊器。《说文解字》："鍑，釜大口者。从复声。䥏，同鍑。"《扬子·方言》："釜，自关而西或谓之鍑。"《汉书·匈奴传》："多赍鬴鍑薪炭。"汉代扬雄谓"函谷关以西把釜统称为鍑。""釜"与"鍑"易于混淆。铜鍑在欧亚大陆草原民族中较为常见，可以有不同样式的器耳，筒腹或球腹，底部多有圈足，一器多用，可盛食物，也可作为炊具以及祭祀之用等。

考虑到本书探讨器物中的"釜"和"鍑"的功用一致，均为套合器下部盛放液体的容器，为了行文方便和一致，将此类上下套合分体铜甗统称上甑下釜。

---

① 《图说天下探索发现系列》编委会：《中国十大考古发现》，吉林出版集团有限责任公司 2008 年版。

第三节　汉代"鑒甗"和"雍甗"功用辨析

西汉时期一些铜甗的分体套件上刻有铭文，"鑒甗"和"雍甗"可作为该时期分体甗的代表，业界对它们的关注度也比较高。

"鑒甗"出土于陕西茂陵一号无名冢丛葬坑，属于分体式无足铜甗。保存尚好，由釜（发掘报告称之为鍑）、甑、盆组成（图2-24），鑒甗的分体套件上分别刻有铭文，内容涉及所有者、器名、重量、容量、购买年月及编号等信息。[①]

"雍甗"出土于河北满城陵山中山靖王刘胜墓，同样属于分体式无足铜甗（图2-25），由釜、甑、盆组成。[②] 其组合方式、铭文镌刻位置和内容以及制作方法都和"鑒甗"类似。分上、下两部分，上部称甑，用来放蒸物，下部称釜，用来煮水，中间设有通汽的箅子。釜肩部有铭文："御铜金雍甗一，容十斗，盆备，卅七年十月，赵献。"甑肩部与盆口沿也有刻铭，与釜铭大意基本相同。

有研究认为这两件器物主要功能在于熬煮，而非蒸煮。"鑒甗"和"雍甗"不是一般意义的炊器，应属于工艺技术原始的蒸馏器。[③] 对于这两件器物的使用方法，笔者认为"鑒盆"或"雍盆"应该正置于甑口之上（图2-24），理由主要来自：蒸煮食物的器盖，盖沿与被盖器物口沿多呈子母扣状，以求封盖严密。这两件器物的盆和甗的口沿均呈斜折沿。如果盆倒扣，则上下沿相扣，很难保证封盖的严密。另外，"鑒盆"或"雍盆"倒置的话，釜、甑上铭文方向与盆的铭文方向则不一致。

---

① 负安志：《陕西茂陵一号无名冢丛葬坑的发掘》，《文物》1982年第9期。
② 郑绍宗：《20世纪重大考古发现——西汉中山王陵满城汉墓发掘纪实》，《文物春秋》2008年第2期。
③ 钱耀鹏：《西汉"鑒甗"与"雍甗"的使用功能研究——原始蒸馏器与熬煮式蒸馏工艺技术》，《西部考古》2017年第2期。

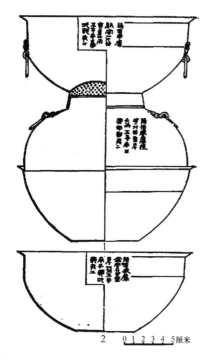

图 2-24 "阳信家"鬶甗

图 2-25 "雍甗" 刘胜墓

"鬶甗""雍甗"的形态结构、组合特点及制作工艺非常相近，它们的使用特点也应一致。从分体甗结构属性来看，"鬶盆"或"雍盆"只能正置于甗口上的说法值得商榷。我们认为上述两件器物中盆应该倒扣于甗口上，原因如下：首先，考古材料已经能说明盆倒扣不是孤立的，如汉代赵氏青铜甗（图 2-26）和汉代青铜灶（图 2-27）都是盆倒扣的，盆倒扣可以使其内部空间以及蒸汽上升存留的空间加大，方便实际操作，可以同时保证更多食物受热，提高了蒸煮效率。其次，上面提到盆与下面甗口沿结合不够严密的问题，也完全可以通过上压重物或用盐泥封固等办法解决；再次，"雍甗"的铭文镌刻位置和内容都类似于"阳信家"鬶甗，分体件铭文方向与其使用时的方向无必然关联，故不能拿铭文方向作为盆正扣的理由，鏖盆倒扣作盖的时候，铭文是与下面釜、甑上铭文不一致，但取下还可以当盆用，这时候铭文自然是正常方向。一器可以多用。换言之，铭文方向不能作为器物正反放置的判别依据。最后，从尺寸来看，"鏖盆"或"雍盆"的放置方式，盆腹较深，根据其尺寸可以看出，当盆正置于甑上，其盆底与甑底的间隔高度非常小，仅有 2 厘米左右。那么它进行蒸煮时，空间利用率和蒸煮效率都不尽如人意。因此，"鏖盆"和"雍盆"均倒扣为盖，而非正置于甑上的设计显然更合理。

图 2－26　汉代赵氏青铜甗

图 2－27　汉代青铜灶

　　我们再来看这两件铜甗使用时是否为熬煮式蒸馏？假设观点成立，那么下釜应该是作为受热载体，产生蒸汽，甑用于盛放原料，作为盖的盆充当冷凝器。由于整件器物未见流口，那么蒸汽碰到器盖后冷凝下来的液滴，其接收方式一定是内承式的，即需要在甑箅上放置接收的容器。但从上面分析可以看出两厘米高度的放置空间显然对此不乐观，另外，我们注意到这两件分体甗中的盆是平底的，相比传统意义的天锅底是弧面的，盆的平面对冷凝滴液的收集和储存极为不便。

通过上面的分析，我们认为"鏖甗"和"雍甗"的功用都是以蒸煮为主的，其结构不适合他用。因为它没有合适的冷凝装置，平底的盆不便于冷凝液的滴落与接收。这两件铜甗中盆的放置方式无疑是倒扣的。和青铜甗的功用一致，"鏖甗"和"雍甗"仍是蒸煮器的属性。

第三章 汉代两件出土套合器的模拟实验

张家堡的新莽套合器和海昏侯墓出土的套合器，尽管一些场合被视为蒸馏器，但其工作原理和使用方法尚不十分清楚，蒸馏器的属性也存在争议，是否能完成蒸馏过程、蒸馏效能如何，也没有得到证实。本章尝试在对原器物考察分析的基础上，进行器物的仿制，通过模拟实验验证这两件套合器是否能完成蒸馏过程及讨论蒸馏效率，从而结合实验探讨其蒸馏的原理与使用方法。

第一节 背景材料与实验设计

一 背景材料

2007 年，西安市文物保护考古研究院配合西安市行政中心北迁项目，在西安市北郊张家堡发掘了一座墓葬（M115）。发掘者根据墓葬的形制和出土器物，判断为新莽时期的墓葬。[1] 此墓为长斜坡墓道竖穴土圹砖室墓，由墓道、南北耳室、甬道、墓室等部分组成。墓葬出土器物丰富，有 204 件（组），材质有陶、铜、铁、铅器等。其中较为特殊的一件套合器（图 3-1），由器盖、筒形器和铜镀（同釜）三部分组成，

---

[1] 程林泉、张翔宇等：《西安张家堡新莽墓发掘简报》，《文物》2009 年第 5 期。

考古工作者初步推测是蒸馏器。

图 3 - 1　张家堡套合器（张翔宇先生提供）

出土时铜鍑置于筒形器内，盖置于上。器盖整体形似一灯，上部呈浅盘形，敞口，平沿外折，方唇，沿面附有对称衔环，浅腹，圜底近平；器盖中间为一实心柱状柄，柄由上下两段组成，中间相接处为榫卯结构，之间以铆钉相连；器盖底座呈覆钵形，座底有修补痕迹。器盖通高 18.8 厘米，上盘口径 23.2 厘米、沿宽 2 厘米，器盖底径 16.8 厘米。中间筒形器，平沿外折，筒形腹下部稍内收，上腹有一周凸面宽带，宽带上有一周凸棱，并附对称的铺首衔环，平底稍内凹，底边一侧有一小而短的管状流，筒形器底中心中空，上置一米格孔形箅，箅中心附一衔环，底下外凸一圈足，圈足向下稍内收，底端有一周凸棱，凸棱断面呈三角形，使用时方便与其他器物相套接。筒形器通高 35 厘米，口径 23.4 厘米，沿宽 1.8 厘米，底径 22.8 厘米，圈足径 12 厘米。套合器下部的铜鍑，口沿两侧附对称衔环，扁球形腹，中部出檐，檐上翘与腹壁形成凹槽，檐一侧有一流口，底附三矮蹄形足。铜鍑通高 9.6 厘米，口径 12.4 厘米，腹径 16.4 厘米，带檐最宽处口径 22.4 厘米。

海昏侯墓发掘过程中，在 M1 中出土了一件较大的器物组合（图 3 -
2），发掘报告描述该器物由釜、"蒸馏筒"、"天锅"三部分组成，[①] 发掘
编号分别为 M1：477、M1：474、M1：478。出土时三器紧邻，是出土
的最大的组合器物。圆形釜与"蒸馏筒"有子口相接，"蒸馏筒"为双
层，底部有箅子，外有对称的龙形双流。圆形筒内发现有芋头残迹等。
发掘报告从器物结构分析，三部分应为一件器物（图 3 - 3）；从器内出
土物品推测，或许与蒸馏低度白酒有关。

图 3 - 2　海昏侯铜套合器出土状况

图 3 - 3　器物套合方式

与上述张家堡器物相似，海昏侯出土的此套合器也是由器盖、筒形
器、釜三部分组成。器盖形似漏斗，弧形隆起，顶部中央有管状的竖直
把手；筒形器内外双筒结构，内筒略高于外筒，外口径 53.4 厘米，外筒
壁上部有一匜状注水口，筒形器下部有圈足，箅位于圈足内的最下端；
铜釜，口径 27.5 厘米，圆肩，鼓腹，肩下有一周凸出的宽沿，一侧宽沿

---

① 杨军、徐长青：《南昌市西汉海昏侯墓》，《考古》2016 年第 7 期。

有凸出的注水口。整件器物通高 132 厘米。①

发掘报告中称两龙形流口对称分布在内外筒底间。我们仔细辨析并结合蒸馏原理分析，认为两龙形流口若对称分布，无法实现蒸馏，其实际上是一个流口与内筒相连，一个与内外筒夹层相连，我们姑且将前者称之为内龙形流口，将后者称之为外龙形流口（图 3 - 4）。对结构的明辨是之后进行仿制的基础。

图 3 - 4　海昏侯套合器中筒形器的结构分析

参照上述尺寸，我们请老师傅用白铁皮和不锈钢打制了上述两件套合器的仿制品。张家堡仿制品器盖通高 23.5 厘米，盘口径 20 厘米，底径 17.1 厘米；筒形器作为上分体，通高 36.1 厘米，口径 20 厘米，底径 20 厘米，圈足径 12.3 厘米；铜鍑，以不锈钢盆改造代替，通高 13.7 厘米，口径 13.4 厘米，腹径 22 厘米（图 3 - 5）。从实物体型和尺寸来看，海昏侯套合器体型稍大，新莽套合器则小很多。海昏侯墓的套合器，原

———————

① 曹斌、罗璇等：《江西南昌西汉海昏侯刘贺墓出土铜器》，《文物》2018 年第 11 期。

物过于庞大，在有限的技术和工艺下难以按照原物的尺寸进行仿制。不管是从高度还是宽度上，仿制品只是接近原物的一半（图3-6），筒形器直径30厘米，釜口径13厘米，整件器物通高63厘米。

图3-5　张家堡套合器仿制品（ZF）

图3-6　海昏侯套合器仿制品（HF）

由于工人师傅的技术原因及对尺寸把握的不够准确，使得仿制品的尺寸与原物有些出入，比如张家堡仿制件的筒形器的口径比原物小了 3 厘米，海昏侯套合器仿制件中筒形器的高和宽缩短为原来的一半。另外，如器物上的凹槽、器盖的榫卯结构，由于精细的结构难以完全复制，选择进行了一些不影响功用的变通，最大限度保留原器物所具有的主体结构与细节。材质方面，原件为青铜，仿制品为白铁皮和不锈钢等，在导热性方面材质虽然略有差异，但对实验的结论没有影响。方便起见，分别以 ZF 和 HF 代指这两件仿制品。

二　实验设计与方法

实验原料：

大米、市售昆明黑魔术月季（花市标为昆明黑魔术玫瑰，后经分析实为月季变种）、安琪酿酒酒曲（市售）

试剂：

二氯甲烷（规格：色谱纯；厂家：天津赛孚瑞科技有限公司）

无水乙醇（规格：分析纯；厂家：天津市天力化学试剂有限公司）

凡士林（厂家：南昌白云药业有限公司）

无水硫酸钠（规格：分析纯；厂家：天津市天力化学试剂有限公司）

氯化钠（规格：分析纯；厂家：天津市大茂化学试剂厂）

装置：

分液漏斗、铁架台、锥形瓶、量筒、酒精灯、电子天平（型号：JM20002）、电饭煲（型号：CFXB30 – J32A）、电磁炉（型号：KEO – 19AS35）、张家堡套合器仿制品、海昏侯套合器仿制品。

仪器：

手持折光仪酒精浓度计

气质联用仪 1 （型号：Trace ISQTM，美国 Thermo Fisher Scientific 公司）

气质联用仪 2 （型号：Thermo DSQ Ⅱ，美国 Thermo Fisher Scientific

公司）

由于检测对象对气质联用仪的色谱柱有不同的要求，故选用两台不同的气质联用仪进行成分分析，气质联用仪 1 用来测酒的成分，气质联用仪 2 用来测花露的成分。

实验方法：

大米酿酒的历史较为久远，汉代用大米酿酒，已有较多的文献与考古材料为证据。

文献对植物精油和花露提取的记载相对较晚，目前看到的用蒸馏器提取蔷薇液等①记载，多现于宋代文献。2020 年在对垣曲北白鹅两周墓葬出土铜盒的分析检测中，发现了大量的动物油脂、植物精油及朱砂，将植物精油的提取和利用追溯到了两周时期。②

选择用两件仿制套合器分别进行蒸馏酒和蒸馏花露的实验。模拟实验以大米为原料，进行半液态发酵和固态发酵，以两件套合器仿制品作为蒸馏装置，进行水上和水中的蒸酒实验，测其酒度及成分；以市面销售的黑魔术玫瑰为原料，以两件套合器仿制品作为蒸馏装置，进行水上和水中蒸馏的花露提取实验，测其产品成分。

蒸馏酒的主要成分是水和酒精，两者占据酒量的绝大部分，仅有 1% 左右的有机化合物，主要包括醛类、酯类、醇类和酸类，是白酒呈现出香味的风味物质，这些微量物质的不同比例和搭配直接形成了白酒的不同香气、口味和风格，③ 为探索套合器所得蒸馏酒的品质，对蒸馏产物进行检测分析并与现代工业生产的白酒的易挥发性成分进行对比。白酒呈现出香味的风味物质成分极易挥发，如果气密性不好，则较难收集。实验也能反映出套合器的气密程度。

---

① （宋）周去非撰，屠友祥校注：《岭外代答》，上海远东出版社 1996 年版，第 164 页。
② 孙自法：《周代贵族女性化妆品中发现植物精油》，《中国新闻网》2021 年 3 月，网址：https：//www.cas.cn/cm/202103/t20210312_ 4780624. shtml。
③ 谢方安：《谈白酒香气成分和作用》，《酿酒》2006 年第 5 期。

香气是反映花露质量的重要指标，是通过嗅觉可感觉到的挥发性物质，这些挥发性物质成分的种类、比例及化合物间的共同作用赋予了花露特有的香质。花露提取的原理即利用植物精油中的主要组分易挥发、难溶于水，且不与水反应的特点，将植物花瓣与水共热，使花瓣中挥发性部分组成与水蒸汽共同蒸出，得到油水混合物，即所谓的花露。花露经过除水、浓缩提纯可得到精油。对现代月季品种主要香气成分的分析表明，现代月季花露的成分以紫罗兰醇、乙酸－3己烯－1－醇酯及茶香物质3，5－二甲氧基甲苯、1，3，5－三甲氧基苯为主。[①]

实验用酒精浓度计进行酒精度数测定，酒度计是利用酒精浓度与折射率的正交性关系来测定酒的浓度。该操作方法简单易行，使用前用有标准度数的白酒进行校正。

实验用气相色谱仪与质谱仪结合（GC-MS），对蒸馏所得到的月季花露进行理化分析。其原理是利用不同组分在气相和液相中有不同的沸点和分配系数，汽化后被载体带进色谱柱中，由于色谱柱对不同组分有不同的吸附或溶解能力，因此不同组分有不同的运行速度，各组分可以按先后顺序离开色谱柱，进入到检测器内，产生的离子流讯号，可以在记录器上描绘出相应的色谱峰。根据出峰时间对物质进行定性，然后再利用内标法或外标法进行定量分析。气、质联用能将色谱仪和质谱仪的各自优点发挥出来，进行定性、定量分析，帮助我们了解花露中主体风味物质以及套合器的气密性和蒸馏效果。

第二节　张家堡出土套合器的模拟实验

一　蒸酒实验与分析

用张家堡套合器的仿制品进行蒸酒的模拟实验，包括水中蒸馏实验和

---

① 叶灵军、张立等：《现代月季品种主要香气成分的分析》，《北方园艺》2008 年第 9 期。

水上蒸馏实验，前者将蒸料置于铜鍑中，后者将蒸料置于箅上。用胶管将流口和接收液体的锥形瓶相连，用电磁炉帮助加热，具体装置见图3－7。

图3－7　张家堡套合器仿制品实验装置图

（一）水中蒸馏实验

实验步骤：

1. 根据发酵用容器大小，称取大米800克，进行半液态发酵。具体操作：首先将大米浸泡至膨胀，煮熟，摊开冷至30℃左右，这个温度最适合酒曲中的霉菌培养和繁殖。称取安琪酒曲1.6克（酒曲是原料的0.2%），以30℃左右的温水活化30分钟，拌曲，糖化，其过程需要氧气的参与，因此保持半密封状态48小时左右。之后再完全密封发酵20天，此过程不需要氧气的参与。最终得到的是半液半固的酒醪。

2. 将所得到的全部酒醪作为蒸料，置于鍑中，另外加入少许水以防煳锅。将各部件套合，装置如图3－7所示：筒形器套入鍑口中，器盖置于筒形器之上。用一根胶管将流口与承接用的锥形瓶相连，密封好各个接口，器盖上盘中放入冷水。电磁炉进行加热，当第一滴液体流出，开始计时，根据 250 毫升锥形瓶的容积和流出速度，调整每 4 分钟更换一次承接用的锥形瓶，实验过程中根据冷凝液流出的速度，灵活选择。

实验结果：

测量不同时间段锥形瓶中收集的液体的体积，用酒度计测量其中酒精度数，结果详见表 3 - 1。

表 3 - 1　　　　　　水中蒸馏得酒的体积及度数

时间间隔（分钟）	4	4	4	8	8	8	8	8
体积（毫升）	120	140	120	120	156	138	98	46
度数（Vol）	25	28	43	50	38	10	5	3
出酒速度（毫升/秒）	30	35	30	15	20	18	12	6

（二）水上蒸馏实验

实验步骤：

1. 称取大米 500 克，经过浸泡、蒸煮、摊开冷至 30 度左右。称取 3 克安琪酒曲（据使用说明，冬天按原料的 0.6%），此发酵在冬天进行，气温低，增加酒曲量，以保证发酵成功，以 30℃的温水活化 30 分钟，拌曲，先半密封（糖化 48 小时），之后全密封发酵 25 天（冬天需延长发酵时间）。

2. 在铜鬵中注入 2/3 容积的水，按图 3 - 7 连接好装置。由于算的空间大小有限，所以可以放的蒸料不会太多。算的气孔呈"米"格形，间隙较大，体积相对较小的原料颗粒会往釜里掉，因此算上先垫上衬布，再放酒醅。500 克大米发酵后得到的酒醅有 1223 克，称取 600 克酒醅，置于算上。用电磁炉加热，从第一滴液体流出，开始计时，根据冷凝液流出的速度，每隔 10 分钟更换一次承接用的锥形瓶。

实验结果：

测量锥形瓶中收集的液体的体积，用酒度计测量其中酒精度数。结果见表 3 – 2。

表 3 – 2　　　　　　　　　**水上蒸馏得酒的体积及度数**

时间间隔（分钟）	体积（毫升）	度数（Vol）	出酒速度（毫升/秒）
10	60	45	6
10	55	42	5.5
10	109	14	10.9

（三）实验结果探讨

从表 3 – 1 水中蒸馏得酒的分析可以看出，用张家堡套合器仿制品水中蒸馏来蒸酒，不论从出酒量、出酒速度乃至出酒度数，蒸馏前段和中段的蒸馏效果较好，最高已经能蒸馏出 50 度的酒 120 毫升。后段出酒量和出酒度数明显下降。表 3 – 2 是对固态酒醅进行水上蒸馏的结果，从中可以看出，酒度数最高点在前段，最高度数为 45 度。随着时间的推移，酒度数逐渐降低。

一般来说，蒸酒时头酒的度数往往是最高的，但是水中蒸馏实验中头酒度数略低于中段出酒，是因为实验过程中电磁炉火力过大，镱中液体蒸发快，而冷却水无法及时更换，冷却装置的冷水面积和温度未能保证生成的酒精蒸汽及时转化为冷凝液。我们对实验一水中蒸馏结果分析后，在进行实验二水上蒸馏时，调整电磁炉的功率，进行小火慢蒸，然后大火追尾。水上蒸馏开始得酒度数最高，最高为 45 度，之后酒度数逐渐降低。

所谓"出酒率"，是指在标准大气压、20℃的环境下，一个单位所能产出的酒精度数在 50 度的酒液含量。而如今一般在生产中会以原料去进行换算，也就是"原料出酒率"。想要得知一种白酒的出酒率，除去所耗费的原粮外，还需要知道在标准大气压、20℃的环境下其所馏出的白酒含量以及度数。并且要将其度数转换成50度来计算，并非直接以多少斤粮食产了多少斤酒来对出酒率进行计算。其中，计算的公式如下：

原料出酒率=［（原酒度数÷想要度数）×原酒重量］÷原粮的重量×100%

将上述水中蒸馏和水上蒸馏两种实验结果进行比较，为了将两者数据有更好的可比性，水中和水上蒸馏均选择度数在30度以上的蒸馏出酒来计算，参照原料出酒率的概念，选择30度作为想要度数，其中：

水中蒸馏：800克原料，出酒396毫升，出酒平均度数43度，出酒平均速度为21毫升/秒，原料出酒率25%。

水上蒸馏：600克的酒醅，相当于原料大米245克发酵所得，得酒的体积总共为115毫升，出酒平均度数44度，出酒平均速度为5.8毫升/秒，原料出酒率34%。

对比上海市博物馆藏东汉时期的蒸馏器模拟实验，算上一次装酒醅800克，出酒50毫升，多次更换酒醅，度数范围在20.4—26.6度。[①] 我们可以看出，张家堡套合器仿制品不论水上蒸馏还是水中蒸馏，得酒最高度数相较更高。张家堡套合器仿制品实验中，水上蒸馏的原料出酒率高于水中蒸馏。不同之处在于水中蒸馏的速率明显更高一些。

用张家堡套合器仿制品进行水中蒸馏和水上蒸馏的蒸酒实验，均出酒顺利，出酒率和出酒度数都较高，证明该套合器能够有效蒸馏出酒，是蒸馏器无疑。蒸馏效果不亚于现代民间作坊用来蒸酒的蒸馏器。

（四）水上蒸馏得酒的 GC-MS 分析

用气质联用仪对张家堡套合器水上蒸馏所得的45度酒进行成分分析，总离子色谱图见图3-8，用总离子流峰面积归一化法计算出香气成分相对百分含量，结果见表3-3。

---

① 马承源：《汉代青铜器的考古考察和实验》，《上海博物馆集刊》1992年第6期。

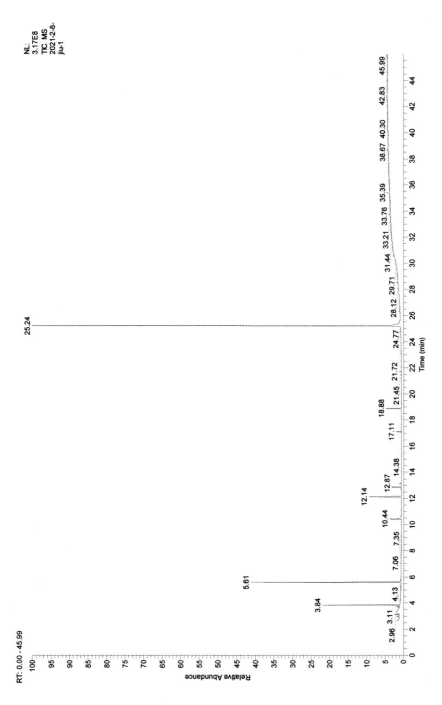

图 3 - 8　ZF 水上蒸馏得酒（45 度）总离子色谱图

表 3 - 3   ZF 水上蒸馏得酒的香气成分含量

谱峰	化合物	保留时间/分钟	含量比
1	正丙醇	3.11	0.33%
2	异丁醇	3.84	7.42%
3	乙酸异戊酯	4.13	0.07%
4	异戊醇	5.61	20.47%
5	3 - 羟基 - 2 - 丁酮	7.05	0.13%
6	乙酸	10.44	2.45%
7	2，3 - 丁二醇	12.14	4.54%
8	异丁酸	12.72	0.13%
9	1，2 - 丙二醇	13.14	0.35%
10	癸酸乙酯	14.06	0.08%
11	3 - 乙氧基丙醇	14.38	0.07%
12	异戊酸乙酯	17.11	0.76%
13	β - 苯乙醇	18.88	2.26%
14	1，3 - 二羟基丙酮	21.72	0.43%
15	丙三醇	25.24	59.96%
16	十六烷酸	33.76	0.55%

色谱条件：色谱柱：TG-WAX 毛细管柱（30m×0.25mm×0.25μm）；

载气：高纯氦气

流速：1.2 毫升/分钟

进样量：0.2μL

分流比：30：1

进样口温度：250℃

程序升温：初始温度 50℃，保持 1 分钟；以 6℃/分钟升至 230℃，保持 15 分钟。

　　质谱条件：单四级杆质谱仪，离子源温度 250℃；传输线温度 250℃；EI 离子源能量 70eV；全扫描模式，扫描范围 m/z：35—500。

　　各化合物根据其特征离子的保留时间进行定性分析；采用峰面积归一化法计算各组分的相对含量。

　　蒸馏酒的主要香气和原料及酒曲有直接的关联。本实验所用酒曲为安琪酒曲，安琪酒曲发酵所得酒，成分较统一，主要有乙酸乙酯、异戊醇、异丁醇、正丙醇、乙醛、苯乙醇等。[①] 酒中含有正丙醇，具有入口干爽、微苦的特点。[②] 正丙醇、正丁醇、异丁醇、异戊醇、苯乙醇等高级醇，为醇香和助香的主要物质，也是白酒发酵过程形成香味的物质。[③] 表 3－3 中的蒸馏出酒，共鉴定出 16 种成分，包括醇类、酯类、酮类、酸类，其中高级醇包括正丙醇、正丁醇、异丁醇、异戊醇、苯乙醇等，安琪酒曲发酵后应该具有的物质，基本都检测到。丙三醇是糖代谢过程中由磷酸二羟基丙酮，加氢还原成磷酸甘油，再去磷酸得到。丙三醇可增加酒的醇甜味，使酒体丰满醇厚。糟醅中蛋白质含量越多，温度及 pH 值越高，则甘油的生成量也越多，主要产生于发酵后期。2，3－丁二醇是二元醇，主要由细菌利用葡萄糖发酵产生。乙酸乙酯是安琪酒曲发酵酒的一个重要组分，本结果虽未检测到乙酸乙酯，却检测到了乙酸，乙酸和乙醇是可以通过酯化反应生成乙酸乙酯的。酒中的乙酸乙酯也可分解为乙醇和乙酸。通常说陈酒口感较佳，就是因为酒中含有乙酸乙酯，而乙酸则使得酒具有果香味。[④]

―――――――――――――

　　① 王明升、程俊等：《安琪纯种曲在大曲清香型白酒生产中的应用研究》，《酿酒科技》2010 年第 10 期；廖蓓、李兆飞等：《安琪清香型复合功能菌的应用技术研究》，《酿酒科技》2018 年第 9 期。

　　② 程伟、张杰等：《安琪活性干酵母在固态小曲清香型白酒酿造生产中的应用》，《酿酒科技》2018 年第 7 期。

　　③ 张邦建、李长文等：《应用 SAS 软件优化分析影响固态发酵白酒杂醇油的生成因素》，《酿酒科技》2015 年第 5 期。

　　④ 耿靖玮：《10－HAD 对上面发酵小麦啤酒中 Pectinatus spp 及野生酵母的作用研究》，硕士学位论文，山东轻工业学院，2011 年。

二 花露提取实验与 GC-MS 香气特征分析

(一) 花露提取实验

将花瓣分别置于箅上和鍑中，通过水上蒸馏和水中蒸馏实验来提取花露。

实验一：

水上蒸馏：取 100 克新鲜月季花瓣，清水洗去花瓣表面的农药及灰尘，参照马希汉实验得出料液比 1 : 4 的最佳参数,[①] 在鍑中加水 400 毫升，将处理过的新鲜月季花瓣 100 克，置于箅上。加热 56 分钟后，闻到略有焦煳味，停止加热，锥形瓶共收集到带香味的花露 65 毫升。

实验二：

水中蒸馏：将 100 克新鲜月季花瓣，清水洗去花瓣表面的农药及灰尘，将花瓣剪碎放入鍑中，考虑到实验一中水较易蒸干，将料液比调为 1 : 6，釜中放水 600 毫升，进行加热蒸馏。53 分钟后，闻到焦味，此时鍑中水分基本已干，锥形瓶共收集到带香味的花露 497 毫升。

实验三：

通过上述两实验，初步看出该套合器无论是水上蒸馏还是水中蒸馏，都能提取到花露。但短时间内，溶液均被蒸干也暴露出一个问题：即蒸馏液中有效成分会大量流失。经过查阅文献,[②] 我们发现影响花露蒸馏的最主要因素是蒸馏时间，其次才为料液比。如果蒸馏时长不够，那么花瓣中的香气成分就难以被完全蒸馏出，故而需要通过改变加热方式，来延长蒸馏时长。

根据上面实验的经验教训，我们对装置进行改进：在气体容易逃逸

---

① 马希汉、王永红等：《玫瑰精油提取工艺研究》，《林产化学与工业》2004 年第 24 卷。
② 马希汉、王永红等：《玫瑰精油提取工艺研究》，《林产化学与工业》2004 年第 24 卷。

的装置接口处，进行密封处理；同时将热源改为火力较小的酒精灯，来延长蒸馏时长。

按料液比1∶4，称取云南昆明黑魔术花瓣300克，清水洗去表面农药及灰尘，剪碎花瓣，置于鍑中，倒入水1200克，用酒精灯加热4小时，进行水中蒸馏实验，得到花露190毫升。

尽管得到花露体积比实验二产量少，但4小时的蒸馏时长，保证了花露有效成分的提取。我们以此次得到的花露作为研究对象进行GC-MS检测。

（二）花露中易挥发性成分的GC-MS检测

为了解所得花露香气成分，以及器物蒸馏效果，用GC-MS对实验三所得到的月季花露进行易挥发性成分检测。

将实验三所得花露中加入少量氯化钠，静置15分钟，使精油与水更加易于分离，用15毫升二氯甲烷分三次萃取，合并有机相，得到萃取液，加入少许无水Na_2SO_4除水，静置12小时，过膜进样。

GC-MS条件：色谱：配备HP-5毛细管柱，30m×0.25mm×0.25μm，程序升温，柱温50℃保持3分钟，以2℃/分钟至200℃，以10℃/分钟至280℃保持10分钟，氦气作载气，进样口温度250℃，分流比10∶1，柱流速1.0毫升/分钟。

质谱：EI（70eV），接口温度250℃，离子源温度250℃，相对分子质量扫描范围：33—500amu。溶剂延迟时间：3分钟。

数据处理，结合NIST和WILEY软件进行质谱图谱对比鉴定，峰面积归一化法求相对含量。相对含量（％）=M/N×100％，M为单组分面积，N为总峰面积。

用气质联用仪对花露的易挥发性成分进行检测，得到总离子流色谱图（图3-9），经过计算机质谱库比对及人工分析，得到相应化合物的名称。其易挥发香气成分见表3-4。

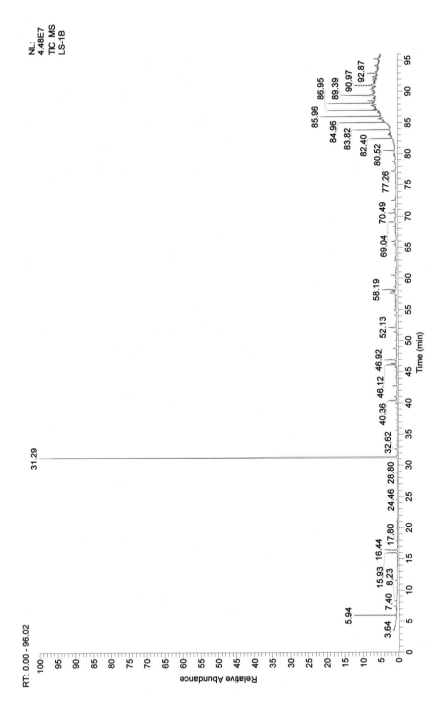

图 3-9 水中蒸馏月季花露挥发性物质总离子流图

表 3 – 4　　　　**水中蒸馏所得花露易挥发组分 GC-MS 分析结果**

序号	RT	SI	RSI	prob	% Area	化合物名称	英文名称
1	5.94	924	943	77.10	2.83	糠醛	furfural
2	8.23	866	890	58.15	0.1	苯乙烯	Benzene，ethenyl
3	11.53	849	893	62.19	0.12	苯甲醛	Benzaldehyde
4	15.93	845	853	41.71	1.17	苯甲醇	Benzyl alcohol
5	16.44	875	879	53.21	1.26	苯乙醛	Phenylacetaldehyde
6	19.95	716	818	86.97	0.07	2 – 氰基 – 2 – 丁烯酸乙酯	Ethyl（2E）– 2 – cyano – 2butenoate
7	20.99	715	860	55.31	0.16	苯乙醇	Penylethanol
8	24.46	824	852	87.70	0.15	环己基二甲氧基甲基硅烷	Silane，cyclohexyldimethoxymethyl –
9	31.29	932	932	92.21	42.37	3，5 – 二甲氧基甲苯	3，5 – Dimethoytoluene
10	32.62	820	839	5.73	0.35	2，7，10 – 三甲基十二烷	2，7，10 – Trimethyldodecane
11	40.36	852	885	60.10	1.14	1，3，5 – 三甲氧基苯	Benzene，1，3，5 – trimethoxy –
12	41.03	790	818	32.89	0.4	α – 紫罗兰醇	α – ionol
13	42.75	862	889	71.87	0.48	二氢 – β – 紫罗兰醇	Dihydro-β – ionol
14	44.09	805	880	11.40	0.17	2，6，10 – 三甲基十三烷	2，6，10，– trimethyltridecane
15	45.15	801	835	37.74	0.2	β – 紫罗兰酮	β – ionone
16	46.35	868	886	14.10	0.64	十五烷	Pentadecane
17	46.92	888	889	50.70	1.55	2，4 – 二特丁基苯酚	2，4 – Di-tret-buthylphlenol
18	48.75	797	850	5.84	0.46	2，6，11 – 三甲基十二烷	2，6，11，– trimethydodecane
19	51.42	882	892	42.80	0.32	领苯二甲酸二乙酯	Diethyl phthalate
20	52.13	878	882	12.82	0.89	十六烷	Cetane

续表

序号	RT	SI	RSI	prob	% Area	化合物名称	英文名称
21	57.62	760	844	12.53	1.42	十七烷	Heptadecane
22	58.19	833	848	5.86	1.74	2，6，11，15－四甲基十六烷	2，6，11，15－tetrmethylhexadecane
23	65.92	866	910	5.81	0.59	邻苯二甲酸庚－3－亚异丁酯	Phthalic acid，hept－3－yl isobutyly ester
24	68.34	795	865	91.99	0.23	7，9－二叔丁基－1氧杂螺［4.5］癸－6，9－二烯－2，8－二酮	1－Oxaspiro［4.5］deca－6，9－diene－2，8dione，7，9－bis（1，1－dimethylethyl）
25	70.49	890	921	10.46	1.02	邻苯二甲酸二丁酯	Dibutyl phthalate
26	77.26	853	897	25.72	0.58	二十一烷	n-Heneicosane
27	80.52	865	871	7.72	0.93	二十二烷	n-Docosane
28	82.4	822	832	4.42	1.65	二十三烷	Tricosane
29	83.82	877	891	20.50	2.42	二十四烷	Tetracosane
30	85.96	846	855	5.50	4.07	二十六烷	Hexacosane
31	86.95	860	877	9.94	3.7	二十七烷	Heptacoscane
32	88.08	817	852	7.95	4.02	二十八烷	Octacosane

注：RT 为保留时间，% Area 为相对峰面积，SI 为正相关，RSI 为负相关，prob 为相似度。

（三）实验结果探讨

表 3 - 4 中，月季花露共鉴定出 32 种易挥发性成分，占总峰面积的 77.2%，未鉴定出来的大多是烷烃。在鉴定出的成分中，成分比例较多的有芳香烃 3 种，相对含量 43.6%；烷烃类 16 种，相对含量 23.6%；醛类 3 种，相对含量 4.2%；醇类 4 种，相对含量 2.2%；酯类 4 种，相对含量 2% 等。含量在 1%—5% 以内的单体香气成分有 13 种，含量在 5% 以上的仅 1 种，为 3，5－二甲氧基甲苯（42.4%），是检测到的成分中最高的。

本书所用的市售昆明黑魔术月季，种植地为云南昆明，从文献中尚未找到关于该品种花露易挥发成分分析的报道，因此没有该品种直接的成分数据进行对比。我们通过文献，将不同品种的月季提取的月季花露的易挥发成分汇总，见表3－5。

表3－5　　　　　　　　不同品种月季花露易挥发性成分比较

化合物名称	百分含量（％）							
	a①	b②	c③	d④	e⑤	f⑥	g⑦	h
3，5－二甲氧基甲苯	50.3	2.55	0.72	12.1	1.05	18.5	11.9	42.4
1，3，5－三甲氧基苯	—	—	—		–	0.84	3.22	1.14
苯乙醇	2.76	2.17		22.5	30.79	—	—	0.16
苯甲醇	—	3.42			1.24			1.17
二氢－β－紫罗兰醇	3.42	4.24			—	4.61	–	0.48

注：a. 杂交型香水月季；b. 大花香水月季；c. Rosa chinensis Jacq月季；d. 香云月季；e. 悬钩子蔷薇；f. 粉红香水月季；g. 橘黄香水月季；h. 本实验用月季

　　月季花露的挥发性成分并没有统一的国际标准，由于土壤、气候、品种以及杂交原因，新品种的不断出现，使得各地月季挥发性成分并不一致。一般来说，欧洲的月季成分香气主要为苯乙醇和单萜烯，中国月季易挥发成分中的主要组分为酚甲醚如3，5－二甲氧基甲苯或1，3，

---

① 张建祥：《从成分的角度看玫瑰油和香水月季油的不同用途》，《香料香精化妆品》2006年第1期。
② 王辉：《基于遗传多样性中国油用月季种质资源分类与评价》，博士学位论文，上海交大，2013年。
③ 曾晓艳、刘应蛟等：《玫瑰花与月季花的性状鉴别及GC-MS分析》，《湖南中医药大学学报》2015年第6期。
④ 叶灵军、张立等：《现代月季品种主要香气成分的分析》，《北方园艺》2008年第9期。
⑤ 王辉：《基于遗传多样性中国油用月季种质资源分类与评价》，博士学位论文，上海交大，2013年。
⑥ 王珍珍：《蔷薇属资源的花香成分分析及花香合成酶基因RhNUDX1的表达研究》，博士学位论文，云南大学，2019年。
⑦ 王珍珍：《蔷薇属资源的花香成分分析及花香合成酶基因RhNUDX1的表达研究》，博士学位论文，云南大学，2019年。

5 - 三甲氧基苯。[1]

不同的有机成分对应不同的香气类型，如 3，5 - 二甲氧基甲苯具有湿润的、新鲜的清香；苯甲醛具有杏仁、坚果、樱桃香味；糠醛有杏仁味；苯乙醛具有风信子香、水果清甜香；苯乙醇具有清甜月季香味；α - 紫罗兰醇具有紫罗兰香味。烷烃类则多具有定香作用，让香气稳定持久。这些作为花露中极易挥发的成分，它们对套合器的气密性以及冷凝装置的要求均较高。对所得花露易挥发组分 GC-MS 分析结果表明，其较完整地保留了月季花瓣的多种香气成分，这也证实了该套合器蒸馏提取花露的效果极佳，得到月季香气成分齐全，甚至媲美现代花露提纯实验。

第三节　海昏侯墓出土套合器的模拟实验

一　蒸酒实验与分析

用海昏侯墓出土套合器的仿制品进行蒸酒的模拟实验（图 3 - 10），分别将蒸料置于釜中和算上，进行水中蒸馏和水上蒸馏的实验。

（一）水中蒸馏实验

称取大米 300 克，进行半液态发酵，首先将大米浸泡至膨胀，煮熟，摊凉（30℃左右），称取安琪酿酒曲 0.6 克（按原料的 0.2%），活化，拌曲，糖化（半密封 48 小时左右），加水密封发酵 20 天。

取上述发酵好的酒醪，全部置于釜中，加入少量水，筒形器套入釜口中，器盖置于筒形器之上，铜釜放在电磁炉上，将筒形器的外流口堵住，从上面注水口加入冷水，将筒形器的内流口连接一胶管至锥形瓶中，密封好各个接口，便可进行加热蒸馏。蒸馏过程中，根据筒形器壁温度，来选择更换内外筒夹层间的水。从第一滴液体流出，开始计时，记录和

---

① Scalliet G., Lionnet C., Le B. M., et al., "Role of Petal-specific Orcinol O-methyltransferases in the Evolution of Rose Scent", *Plant Physiology*, Vol. 140, 2006, pp. 18 - 19.

测量不同时段所得酒的体积和度数，详见表3－6。

图3－10　海昏侯套合器仿制品装置图

表3－6　　　　　　　　　　　　水中蒸馏得酒体积及度数

时间间隔（分钟）	体积（毫升）	度数	出酒速度（毫升/秒）
10	20	30	2
10	35	24	3.5
>10	104	15	<10

（二）水上蒸馏实验

称取大米420克，浸泡16小时，蒸煮，摊开冷至30度左右。称取2.56克安琪酒曲（原料的0.6%），以35℃的温水活化30分钟，拌曲，半密封（糖化48小时），全密封发酵25天。

在釜中加入接近其容积2/3的水。在筒形器的算上垫上纱布，取发酵好的大米酒醅350克置于算上，进行水上蒸馏。铜釜放在电磁炉上，将筒形器圈足套于釜口内，把筒形器的外流口堵住，内外筒夹层注满水。

将内流口连接一胶管至锥形瓶中。开始加热，从第一滴液体流出，开始计时，记录和测量不同时段所得酒的体积和度数，详见表3－7。

表3－7 水上蒸馏得酒体积及度数

时间间隔（分钟）	体积（毫升）	度数	出酒速度（毫升/秒）
4	30	22	7.5
4	40	16	10
4	56	10	14
>4	110	5	

（三）蒸馏实验结果探讨

从表3－6和表3－7看出，用海昏侯墓出土套合器仿制品进行蒸酒实验，水中蒸馏和水上蒸馏所得酒的度数，均为开始得酒度数最高，然后逐渐降低。水中蒸酒实验开始蒸馏出的酒度数最高为30度，水上蒸馏得酒最高为22度。

为了将上述水中蒸馏和水上蒸馏两种结果进行比较，水中和水上蒸馏均选择度数在15度以上的蒸馏出酒来计算，参照前面原料出酒率的概念，其中：

水中蒸馏，原料大米300克，得酒159毫升，出酒率为22%，酒度数19度；

水上蒸馏，350克酒醅对应原料大米175克左右，得酒70毫升，出酒率为24.6%，酒度数19度。

可以看出，海昏侯墓出土套合器仿制品进行蒸酒实验，不论水上和水下蒸馏，出酒率和得酒度数均不是很理想。

（四）蒸馏酒的GC-MS分析

对上述水上蒸馏得到22度的酒样品进行成分分析，总离子色谱图见图3－11，用总离子流峰面积归一化法计算出香气成分相对百分含量，结果见表3－8。

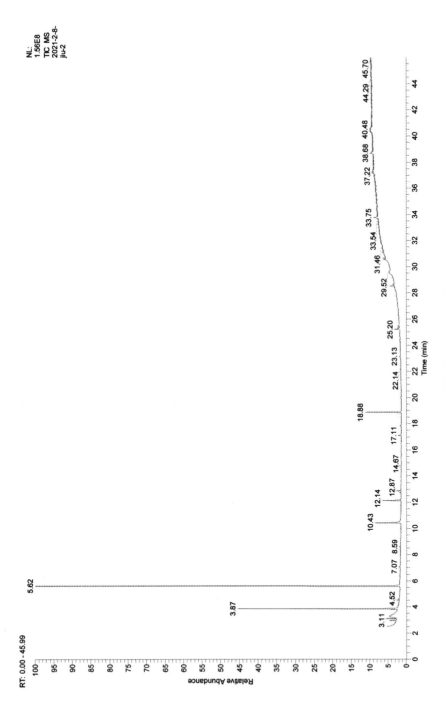

图 3 - 11　HF 水上蒸馏得酒（22 度）的总离子色谱图

表 3 – 8 HF 水上蒸馏得酒（22 度）的香气成分含量

谱峰	化合物	保留时间/分钟	含量比
1	正丙醇	3. 11	0.70%
2	异丁醇	3. 87	19.90%
3	正丁醇	4. 60	0.19%
4	异戊醇	5. 62	59.19%
5	3 – 羟基 – 2 – 丁酮	7. 07	0.22%
6	乙酸	10. 43	5.71%
7	2，3 – 丁二醇	12. 14	3.23%
8	异丁酸	12. 71	0.29%
9	异戊酸乙酯	17. 11	0.58%
10	己酸	17. 85	0.21%
11	β – 苯乙醇	18. 88	6.18%
12	壬酸	23. 13	0.37%
13	丙三醇	25. 20	1.23%
14	2，4 – 二叔丁基苯酚	25. 31	0.41%
15	十六烷酸	33. 75	1.59%

从表 3 – 8 可知，海昏侯套合器仿制品蒸馏所得酒，共鉴定出成分 15 种，与张家堡套合器所得酒成分大体相同。蒸馏得酒的主要成分是乙醇和水，而溶于其中的酸、酯、醇、醛等种类众多的微量有机化合物则是蒸馏得酒的呈香呈味物质。酒曲中就含有一定的乙酸，乙酸的生成主要是通过厌氧条件下产生发酵效果。醇类是酒中醇甜和助香剂的主要物质，也是形成香味物质的前驱物质，醇和酸作用生成各种酯，从而构成白酒的特殊芳香。检测到 β – 苯乙醇甜香气，似玫瑰气味，气味持久，微甜，带涩。2，3 – 丁二醇无香气，味甜、醇、较浓，有陈味，较舒爽。丙三醇和 2，3 – 丁二醇在酒中起缓冲作用，使酒增加绵甜、回味和醇厚感。而异戊醇、异丁醇、正丁醇和丙醇等成分则带苦涩味。

表3-8中检测到较多的是高级醇类也叫杂醇油。杂醇油是碳链长于乙醇的多种高级醇的统称，其由原料和酵母中蛋白质、氨基酸及糖类分解和代谢产生，包括正丙醇、异丁醇、异戊醇等，以异戊醇为主。少量的杂醇油是构成白酒酒体的重要成分，大量杂醇油对人体的危害较大，因为杂醇油在体内氧化分解缓慢，可使中枢神经系统充血，饮用杂醇油含量高的酒常使饮用者头痛、醉酒等。

二　花露提取实验与 GC-MS 香气特征分析

(一) 花露提取实验

根据文献资料，玫瑰花露的提取时间以 3—4 小时、料液比 1∶4 为最佳参数。[①] 本实验月季花露的提取参考此条件。

实验一：

取新鲜的昆明黑魔术月季 130 克，置于釜中，加入 520 克水，按图 3-10 连接装置，电磁炉加热，进行水中蒸馏。加热 70 分钟左右，闻到焦味，停止加热，收集到无色透明的液体 60 毫升。

实验二：

取新鲜的昆明黑魔术月季 100 克置于箅上，釜中加水 400 克，按图 3-10 连接装置，电磁炉加热，进行水上蒸馏，加热 60 多分钟左右，闻到焦味，停止加热，收集到液体 34 毫升。

上述水中蒸馏和水上蒸馏实验均可得到花露，但蒸馏的时间过短，水已蒸干而得到的花露量却很少，没有达到预期的要求。接下来的实验中改变加热方式，同时为防止泄露，对所有接口位置进行了再次密封。

实验三：

称取云南昆明黑魔术月季花瓣 500 克，置于釜中，加入水 2000 克，考虑到海昏侯墓套合器仿制品中釜的体积较大，用酒精灯加热难以使水

[①]　马希汉、王永红等：《玫瑰精油提取工艺研究》，《林产化学与工业》2004 年第 24 卷。

沸腾，故先用电磁炉加热至水沸，然后换酒精灯缓慢加热。共蒸馏 4 小时，得到花露 380 毫升。

（二）花露中易挥发性成分 GC-MS 检测结果

对实验三所得的花露中易于挥发成分进行 GC-MS 分析。

在花露中加入少量氯化钠，静置 10 分钟，用 15 毫升二氯甲烷分三次萃取，合并有机相，加入少许无水 Na_2SO_4，静置 12 小时，过膜进样。

用气质联用仪对花露的易挥发性成分进行检测，测试条件同前，得到总离子流色谱图（图 3 – 12）。经过计算机质谱库比对及人工分析，得到相应化合物，其易挥发性香气成分详见表 3 – 9。

表 3 – 9　　　　　HF 水中蒸馏所得花露易挥发组分 GC-MS 分析结果

序号	RT	SI	RSI	prob	% Area	化合物名称	英文名称
1	4. 25	882	900	52. 91	0. 43	甲苯	Toluene
2	5. 96	893	906	72. 98	1. 29	糠醛	furfural
3	6. 39	837	895	39. 58	0. 09	2，4 – 二甲基庚 – 1 – 烯	2，4 – dimethylhept – 1 – ene
4	7. 08	893	917	62. 13	0. 12	乙基苯	Ethylbenzene
5	7. 38	762	856	22. 33	0. 14	间二甲苯	m-Xylene
6	8. 25	807	879	37. 68	0. 1	苯乙烯	Styrene
7	11. 42	874	895	94. 27	0. 52	氰乙酸乙酯	Ethyl cyanoacetate
8	11. 54	791	976	50. 81	0. 19	苯甲醛	Benzaldehyde
9	14. 19	820	886	23. 68	0. 23	癸烷	Decane
10	16. 44	852	853	39. 66	0. 78	苯乙醛	Phenylacetaldehyde
11	19. 98	734	819	92. 60	0. 11	2 – 氰基 – 2 – 丁烯酸乙酯	Ethyl（2E）– 2 – cyano – 2butenoate
12	24. 50	800	852	92. 14	0. 13	环己基二甲氧基甲基硅烷	Silane，cyclohexyldimethoxymethyl
13	27. 28	902	917	23. 83	0. 32	十二烷	Dodecane
14	30. 65	838	853	50. 57	0. 21	1，3 – 二叔丁基苯	Benzene，m-di-tert-butyl
15	31. 31	921	921	90. 78	65. 02	3，5 – 二甲氧基甲苯	3，5 – Dimethoytoluene

续表

序号	RT	SI	RSI	prob	% Area	化合物名称	英文名称
16	37.15	777	884	55.72	0.2	三醋酸甘油酯	Triacetin
17	40.28	854	915	29.56	0.39	十四烷	Tetradecane
18	40.37	888	906	77.16	0.76	1，3，5 - 三甲氧基苯	Benzene，1，3，5 - trimethoxy
19	40.63	770	909	29.00	0.13	十二醛	Dodecanal
20	41.05	752	789	26.39	0.23	α - 紫罗兰醇	α - ionol
21	42.75	803	858	53.28	0.13	二氢 - β - 紫罗兰醇	Dihydro-β - ionol
22	46.37	825	872	14.26	0.65	十五烷	Pentadecane
23	46.92	900	902	55.61	1.96	2，4 - 二特丁基苯酚	2，4 - Di-tret-buthylphlenol
24	48.77	772	850	6.66	0.44	2，6，11，15 - 四甲基十六烷	2，6，11，15 - tetrmethylhexadecane
25	52.14	884	891	19.66	0.88	十六烷	Cetane
26	57.65	736	825	9.74	1.2	十七烷	Heptadecane
27	57.99	795	928	5.95	0.63	2，6，10 - 三甲基十四烷	2，6，10，- trimethyltretradecane
28	65.32	894	907	5.58	0.21	邻苯二甲酸庚 - 3 - 亚异丁酯	Phthalic acid，hept - 3 - yl isobutyly ester
29	68.36	781	851	91.75	0.29	7，9 - 二叔丁基 - 1 氧杂螺［4.5］癸 - 6，9 - 二烯 - 2，8 - 二酮	1 - Oxaspiro［4.5］deca - 6，9 - diene - 2，8dione，7，9 - bis（1，1 - dimethylethyl）
30	69.70	696	750	87.38	0.28	3 - （3，5 - 二叔丁基 - 4 羧基苯基）丙酸甲酯	3，5 - Bis（1，1dimethylethyl） - 4 - hydroxybenzenepropanoic acid methyl ester
31	70.5	923	937	0.59	1.6	邻苯二甲酸二丁酯	Dibutyl phthalate
32	87.84	792	831	63.96	1.84	芥酸酰胺	erucylamide
33	88.5	716	835	41.50	0.27	反式角鲨烯	（E，E，E，E） - squalene

注：RT 为保留时间，% Area 为相对峰面积，SI 为正相关，RSI 为负相关，prob 为相似度。

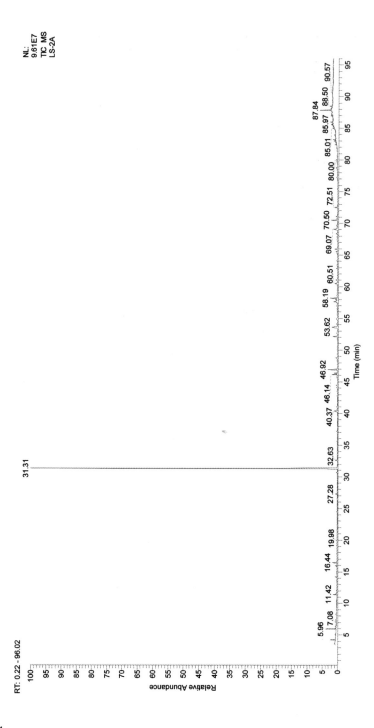

图 3 - 12 HF 水中蒸馏月季花露中挥发性物质总离子流图图谱

（三）实验结果探讨

通过气质联用仪，对 HF 水中蒸馏所得花露的易挥发成分进行检测，最终鉴定出 33 种成分，占总峰面积的 88.77%，包括烯类、醛类、酯类、酮类、酚类、烷烃类、酰胺等有机物，其中相对含量最高的是 3，5 - 二甲氧基甲苯，为 65.0%，此外，还检测出了 1，3，5 - 三甲氧基苯、紫罗兰醇等主要香质成分的化合物。

在鉴定出的成分中，含量占比较多的是芳香烃，有 6 种，相对含量 66.6%；醛类 4 种，相对含量 2.39%；烷烃类 8 种，相对含量 4.7%；酯类 6 种，相对含量 2.7% 等。含量在 1%—5% 以内的单体香气成分有 5 种，糠醛、2，4 - 二特丁基苯酚、十七烷、邻苯二甲酸二丁酯、芥酸酰胺，含量在 5% 以上的仅 1 种，3，5 - 二甲氧基甲苯（65.02%）。

海昏侯墓套合器仿制品与张家堡套合器仿制品实验所得的花露易挥发成分大同小异，明显不同的是前者酯类种数为 6 种，后者 4 种，前者烷烃类 8 种，后者 16 种。

蒸馏速度过快，温度高过某种馏分的沸点，其他馏分因为温度上升也会同时被蒸出，达不到分离。海昏侯墓套合器（仿制品）体积较大，无疑升温速度更慢些，相对缓慢过程中更利于酯类物质较全面挥发、收集，这也是相对检测到更多酯类的原因。

烷烃类含碳量越高，沸点越高，常压下应用水蒸汽蒸馏，能在低于 100℃ 的情况下将高沸点组分与水一起蒸出来。张家堡套合器（仿制品）得到高沸点的烷烃类更多也间接说明其密封效果更优。

第四节　结果与讨论

张家堡套合器仿制品的蒸酒实验中，水上蒸馏与水中蒸馏所得酒产率和度数都较高；花露提取实验所得花露保留了花瓣的多种原始香气成分，不同实验证实了该仿制品属于蒸馏器无疑，不仅能够蒸馏酒，而且能够有效提取花露。海昏侯套合器仿制品实验，尽管在得酒度数上稍逊色，但同样可以实现酒和花露的蒸馏。ZF 和 HF 的模拟实验，证实了两件套合器均能连续地完成包括加热、挥发、冷凝、收集在内的整个蒸馏过程，是蒸馏器无疑。

前人做过金代青铜蒸馏器的蒸酒实验[①]：算上装蒸料 4000 克，得酒450 毫升，度数为 9.4 度；算上装蒸料 3000 克，得酒 280 毫升，度数为9.7 度。上海博物馆馆藏汉代青铜蒸馏器蒸酒实验[②]：算上一次装酒醅800 克，出酒 50 毫升，多次更换酒醅，度数范围在 20.4—26.6 度。我们按照原料和发酵所得醅料的关系，大致算出金代青铜蒸馏器和上海博物馆汉代蒸馏器的出酒率均不超过 25%。ZF 模拟水中蒸馏和水上蒸馏实验中，出酒平均度数能达 40 度以上，出酒率高于 25%，出酒率和得酒度数都高于金代蒸馏器和上海博物馆汉代蒸馏器。

张家堡和海昏侯两件出土套合器应该均可以实现花露的蒸馏提取。花露的提取用到水蒸汽蒸馏，用 ZF 和 HF 对市售含有挥发性成分的植物材料与水共蒸馏，使挥发性成分随水蒸汽一并馏出，经冷凝、萃取、除水、静置后，对易挥发成分进行 GC-MS 分析。ZF 和 HF 水中蒸馏所得花露的检测结果，前者检出挥发性成分 32 种，后者检出挥发性成分 33 种，成分大致相同，其中相对含量最高的都是 3，5 - 二甲氧基甲苯，其为月季精油的主要成分，结合文献，我们知道，GC-MS 香气物质分析中的 1，3，5 - 三甲氧基苯和 3，5 - 二甲氧基甲苯，来源于中国的月季花及巨花蔷薇。[③]

张家堡套合器仿制品，水中蒸馏得酒的最高度数为 50 度，水上蒸馏

① 承德市避暑山庄博物馆：《河北省青龙县出土金代铜烧酒锅》，《文物》1976 年第 9 期。

② 马承源：《汉代青铜器的考古考察和实验》，《上海博物馆集刊》1992 年第 6 期。

③ Nakamura S., "Scent and Component Analysisof the Hybrid Tea Rose", *Perfume Flavor*, Vol. 112, 1987, pp. 43 - 45. Joichi A., Yomogida K., Awano K., et al., "Volatile components of tea-scentedmodern roses and ancient Chinese roses", *Flavour and Fragrance Journal*, Vol. 20, No. 2, 2005, pp. 152 - 157.

得酒最高为 45 度，出酒率均大于 25%。海昏侯套合器仿制品，水中蒸馏出酒最高度数为 30 度，水上蒸馏得酒最高为 22 度，出酒率均在 23% 左右。ZF 和 HF 水上蒸馏模拟实验得酒的 GC-MS 分析结果显示，均检测到了正丙醇、异丁醇、异戊醇、乙酸、3 - 羟基 - 2 - 丁酮、异戊酸乙酯、癸酸乙酯、乙酸、十六烷酸等特征香气成分。但从度数上看似乎 HF 模拟实验蒸馏酒效果稍逊色，对此我们认为主要是因为仿制品的设计和制作的不足带来的。

对比两件套合器的冷凝器，张家堡蒸馏器的冷凝构件为圜底盘，其上可盛放凉水。海昏侯蒸馏器内外筒之间，用来储水，器盖为穹庐形，内外筒夹层和器盖共同组成了器物的冷凝系统，依靠夹层的水冷凝与器盖的空气冷凝来达到冷凝的效果，如此看来，海昏侯蒸馏器的冷凝面积要比张家堡蒸馏器的冷凝面积大得多，为何会出现上述模拟实验中蒸馏冷凝效果不如张家堡蒸馏器的现象，我们对其中原因进行了分析。其一，由于蒸汽是上行的，首先接触到蒸汽并阻碍其继续上升的是器盖，海昏侯蒸馏器虽然夹层装水，但是起到主要冷凝作用的还是器盖以及夹层近口沿部分的水，而器盖从外观上为覆斗形，不能储水，靠的是空气作为冷凝介质，这可能是海昏侯蒸馏器的冷凝效果不如依靠水冷凝的张家堡蒸馏器的冷凝效果好的原因。若是在海昏侯蒸馏器的器盖上敷盖湿布，同时不间断更换夹层的冷水，其冷凝效果将会很大提升。其二，张家堡套合器和仿制品的尺寸在前面已经介绍过，通过数据对比可以发现，原物筒形器口径 23 厘米，器盖底径 16.8 厘米，仿制品筒形器口径 20 厘米，器盖底径 17.1 厘米，筒口径减少了，器盖底径增加了，如此便导致了蒸汽上升空间被压缩，故而仿制品冷凝效果会比原物差一些；海昏侯套合器仿制品的筒形器口径为原器物的一半，按此大致推算，以空气作为冷凝介质的器盖的面积是原来的 1/4，以水作为冷凝介质的内筒壁的表面积为原来的 1/4，意味着仿制品的冷凝面积仅为原器物的 1/4，因此其冷凝效果较之原器物也会降低很多。在仿制品的冷凝面积远不如原器物的条件下，模拟实验中仍然能通过水中蒸馏得到30度的酒，水上蒸馏得到22度的酒，足可窥见原器物蒸馏效果应远好于此。

两件仿制品的套接处不够严密，气密性比原器物差，尤其海昏侯套合器由于体型大，套合器的筒形上分体和器盖的结合、筒形器的圈足与釜的套接处不够严丝合缝，均可能存在漏气现象。除了实验设计不足，在发酵过程中没有添加谷糠，可能也是影响蒸馏效果的原因，谷糠具有疏松酒醅，畅通蒸汽的作用，其对水上蒸馏时蒸汽通过酒醅不顺畅的现象应该有所改善，有利于提高蒸馏效果。

综上，海昏侯原蒸馏器的蒸馏功效远在仿制品模拟结果之上，实物在使用过程中应该能够得到比模拟结果更高度数的酒。

蒸馏酒是以乙醇—水为基质同时含有多种风味化合物的复杂混合物，其中包括醇、醛、有机酸和酯类物质。这些微量成分的比例决定了酒的风味和品质。前文模拟实验对ZF和HF水上蒸馏得酒的GC-MS分析都检测出多元醇，尽管高级醇自身沸点多超过一百度，但它们和水可形成共沸物，沸点多在八九十度，故而两件套合器仿制品能够在水上蒸馏中有效浓缩提取到酒的香气成分。说明张家堡蒸馏器和海昏侯蒸馏器不仅能将发酵槽醅中的酒精蒸出，还能将酒醅中的香味成分随着酒精一起蒸出来。俗话有"生香靠发酵，提香靠蒸馏"的说法，汉代，古人对于蒸馏对酒品质的影响已经有所认识。

张家堡套合器不但能够蒸馏出度数较高的酒，而且能够提取到酒的香气成分中更多高沸点的烷烃，说明该套合器致密性和冷却效果更优。张家堡套合器体型较小，算上空间不大，我们更倾向于推测其适合用于水中蒸馏特别是中草药类或花露类的蒸馏提取。而HF模拟实验表明其水中蒸馏或水上蒸馏酒结果相近，海昏侯出土的套合器的算及釜的空间较大，其较大冷凝面积以及出土于酒库的信息，都表明其更适合用来蒸馏对量有要求的酒。

第四章　汉代蒸馏器结构、
原理、用途探析

　　模拟实验已经证实张家堡套合器和海昏侯套合器确实具有蒸馏功能，蒸馏效果良好，是功能完善的蒸馏器无疑。下面将在实验基础上，对原器物结构、构件的功能进行分析，进一步探讨这两件蒸馏器的工作原理与用途。

第一节　张家堡蒸馏器的结构与原理

一　张家堡蒸馏器结构分析

　　张家堡蒸馏器出土时，鍑置于筒形甑内，器盖置于鍑上，这种组合方式究竟是放置状态还是使用状态，可以根据器物的尺寸进行推断。

　　器盖通高 18.8 厘米，鍑通高 9.6 厘米，如果器盖是套在鍑上使用，二者加起来的高度为 28.4 厘米，而筒形器通高 35 厘米，圈足的高度未见于报告，但据出土组合的比例，推测圈足的高度应不小于 8 厘米，筒形器圈足以上高度不大于 27 厘米。如果是如出土时器物原状使用（图 4-1），器盖无法和筒形器口沿贴合；筒形器的圈足直径 12 厘米，鍑口径 12.4 厘米，前者套入后者，尺寸是吻合的，加之筒形器的圈足上的突棱具有卡口作用，使得套合更加严密。因此鍑置于筒形甑内的组合状态并非使用状态。这种大件套小件的情况在张家堡墓中较为常见，如有将罐置于鼎中的现象。出土状况仅是埋藏时放置的状态,与使用方式并无直接关联。

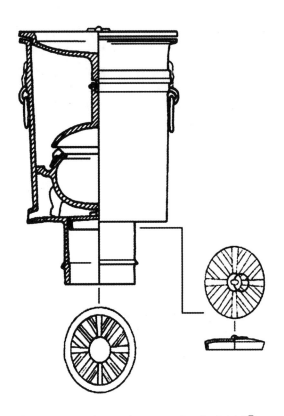

图 4 - 1　张家堡套合器出土时组合示意图[①]

　　张家堡蒸馏器的器盖可分为上、中、下三部分。上为浅盘形,圜底,平沿外折,敞口。平沿外折是为了与筒形器的外折平沿相对应。敞口是为了加入水后,重力作用使得器盖与筒形器的外折平沿更加契合,重力下压得更严密。

　　器盖的中部为通过榫卯连接的两段实心柱(图 4 - 2)。榫卯结构主

---

①　程林泉、张翔宇等:《西安张家堡新莽墓发掘简报》,《文物》2009 年第 5 期。

要应用于建筑和家具,是木质结构中各种构件的搭接方式。"榫"指的
是榫头,即凸起部分,卯指的是构件中的洞眼,即凹陷部分,称为卯眼、
榫眼、榫槽。河姆渡遗址就出现了迄今为止最早的榫卯木构件。① 当然,
也存在少量的铁质、铜质、石质类的榫卯。② 我们推测该铜器盖中的榫
卯构件应是受了当时木质建筑的影响,其具体结构见图4-3。

现代机械学中,铆接方式可以分为活动铆接、固定铆接、密封铆接。
建筑中的木质榫卯多是无缝隙搭接,榫卯结构不仅将上下构件连接为一
体,还具有传递荷载,使整个结构受力平衡,稳定紧固的作用。通过对
该器盖的观察,发现器盖静置时是自然倾斜的,铆接方式属于活动铆接,
铜器盖的榫卯结构与建筑中木质榫卯的作用明显不同。

图4-2 器盖

---

① 浙江省文物管理委员会、浙江省博物馆:《河姆渡遗址第一期发掘报告》,《考古学报》
1978年第1期。

② 杨建福:《榫卯结构参数对其力学性能的影响研究》,硕士学位论文,北京工业大学,
2017年。

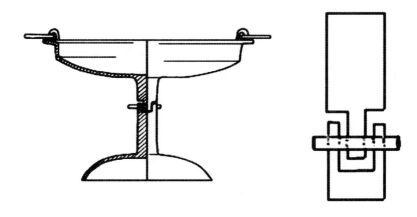

图 4 – 3　榫卯结构示意图[①]

器盖的底座，呈覆钵形，表面光滑，底座直径为 16.8 厘米，筒形器的圈足径 12 厘米，意味着筒形器中箅的直径略小于 12 厘米，底座直径大于箅径，这保证了蒸馏过程中，冷凝液沿着器盖底座下滑时，不会流入下鍑之中而是流入筒形器靠壁处的一圈凹槽里。器盖的上下部分榫卯是活动榫卯，蒸馏过程中，蒸汽上升时，底座被触及，会发生振动或者轻微晃动，从而加速底座外表面冷凝液的下落。器盖的底座内表面，正对穿过箅孔的上升蒸汽，也使得小部分上冲的气体在此液化，重新回流到鍑中再蒸馏，起到一定的精馏作用。从图 4 – 4 可以清楚观察到底座上留下的水痕和不同颜色的锈蚀痕迹。底座在蒸汽的侵蚀下，较其他构件更容易发生锈蚀、糟朽，张家堡器盖的上盘与下面底座以榫卯结构相连，意味着其应是可拆卸的，需要之时可以替换新的。

筒形器口部平沿外折，筒形器与器盖的平沿是相吻合的。筒形器内凹底部形成一圈凹槽。凹槽连有一流口，流口与凹槽连通，显然是为了让液体外流。筒形器底内部带箅，铜箅是活动的，中心带衔环（图 4 –5），应

---

① 程林泉、张翔宇等：《西安张家堡新莽墓发掘简报》，《文物》2009 年第 5 期。

是方便其提放。带孔算在水上蒸馏时可以放置蒸料，同时兼具阻止冷凝液回流的作用；在水中蒸馏时，起到阻挡鍑中的蒸料进入凹槽的作用。筒形器底圈足外，上有突棱（图4-6），应是方便其与下鍑套接，这样的设计一方面保证了筒形器和下鍑套合的紧密，另一方面还起到了拉长热传导距离的功效。

图4-4 器盖下部底座上的水痕和锈色

图4-5 筒形器内部

图4-6 套合装置中筒形器

83

铜镂的腰部有一围檐，檐上翘与腹壁形成凹槽状（图4－7）。对该
围檐的作用，我们推测可能有两种功用：一、类似锅圈的卡灶作用，用
于稳定置放。二、根据口径尺寸判断，从筒形器流口流出的液体，应该
可以滴入此围檐中，即该围檐也可以承接蒸馏液，围檐靠上位置处有一
弧形缺口。从照片上看，尚不能确定是器物制作时有意为之还是后来打
破的。

图4－7　套合装置中的铜镂

二　张家堡蒸馏器的工作原理

我们主要从承露方式与蒸馏方式来探讨该蒸馏器的工作原理。关于
冷凝液的承接方法，有内承法和外承法之分。所谓内承法是指冷凝液的
承接器置于筒形器内的接收方法；外承法指的是通过流口将冷凝液引到
器外的接收方法。

有观点认为张家堡蒸馏器可以外承，也可以通过拆卸榫卯连接的底
座，实现内承。[1] 具体方法：先将器盖的下部底座拆除后，将三足承露

---

[1]　钱耀鹏：《西汉新莽墓所出蒸馏器的使用方法及意义——兼谈海昏侯墓出土的蒸馏用
具》，《西部考古》2017年第2期。

器置于筒形器内，封闭筒形器的出流口（图4-8），并认为这样的承接法可能更符合古人冬天喝热饮的需求。

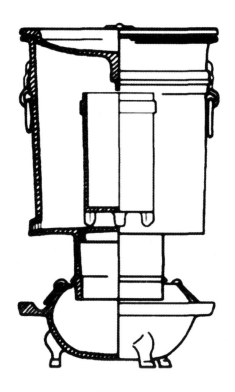

图4-8　张家堡蒸馏器内承法示意图

我们认为内承法与张家堡蒸馏器设计的要求不吻合。一方面三足承露器的放置，有碍于蒸汽的上升和液化，同时蒸汽上升的过程，也是将三足承露器加热的过程，这样三足承露器所收集得到的冷凝液又会继续受热蒸发，延长了蒸馏时间，多作了无用功。器盖中柱的榫卯设计，应当是为了方便拆卸替换新的底座而非为了拆卸不用的，我们更倾向认为该蒸馏器的承露方式是外承法。

外承法，我们推测可能有两种使用情形。一种是冷凝液从流口流出，通过导管流到承接器内（图4-9）。一种是冷凝液从流口流出，落入下镜的围檐内，然后再从围檐上弧形缺口流出，下以承接器接收（图4-10）。假如蒸馏的是酒的话，第二种方法似乎是多余的。如果蒸馏提取的是花露，那鍑上的围檐或许就提供了可以选择性收集成分的可能，当水与精油的混合物作为冷凝液流出，滴落至围檐内时，会出现分层。通常所说的油是指密度比水小的植物油（食用油）、矿物油（汽油、柴油等），它们不溶于水，密度比水小（轻），所以与水混合时浮在水面上。而精油的成分主要有萜烯烃类、芳香烃类、醇类、醛类、酮类、醚类、酯类和酚类等，分子量大，密度比水还大（重），且其中部分物质能够溶于水中，所以加入水中后会下沉。那么就可以在围檐内实现精油和水的一个初步分离。

图4-9　张家堡蒸馏器外承方法一　　　图4-10　张家堡蒸馏器外承方法二

　　张家堡蒸馏器的蒸馏方式有水中蒸馏和水上蒸馏两种可能。我们认为前者的可能更大，首先，该蒸馏器中箅的位置靠近筒形器圈足上部，储料空间较小，显然水中蒸馏比水上蒸馏保证了更多原料的放置。其次，水上蒸馏比水中蒸馏要求更为苛刻，根据相关研究，[1] 水上蒸馏需要锅内水量恒定来满

---

　　① 李晓颖、曹翠玲等：《欧李香气研究进展》，《河北果树》2017年第2期。

足蒸汽操作时所需要的足够的饱和蒸汽压,同时要保证水沸腾蒸发时不溅湿料层,现代设计中多用到回流水。而张家堡蒸馏器是一相对密封的设计,缺少用于平衡内部与大气压的通道,张家堡蒸馏器不具备随时往鍑中添加水的结构,下鍑中的水量在操作过程中也没有办法得以续补。综合上述几点原因,我们推测水中蒸馏的方式更适合张家堡蒸馏器的结构设计。

张家堡蒸馏器使用方法的推测:从下至上将鍑、筒形器、器盖套合好,蒸料和水混合,置于鍑中(图4-11)或者鍑中盛水,算上放少量蒸料(图4-12),密封好各个接口,流口接导管至承接器中。器盖上盘中置放冷水或冰块,蒸馏过程中待水热或冰融温升,可重复更换新的冷水或冰。在加热过程中,蒸汽不断上升,接触到器盖的上盘底部而液化,液化后的液滴沿着上盘的圜底弧度滑到中心部位,再沿榫卯结构的实心柱,滴落到伞盖状的底座外表面上,然后沿底座表面滴落进筒形器的凹槽,再经流口流出,流入承接器中。底座的表面有水流动滑落所形成的水痕,应该是对此使用方法的一个佐证。

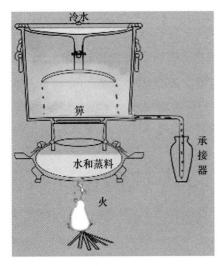

图4-11　张家堡蒸馏器水中蒸馏
　　　　示意图

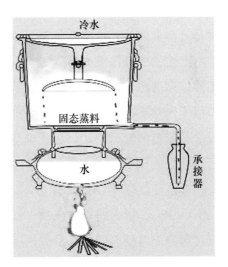

图4-12　张家堡蒸馏器水上蒸馏
　　　　示意图

第二节　海昏侯蒸馏器的结构与原理

器物的使用方法和器物的结构应该是极度匹配的，下面将通过器物的构造分析，结合前面的模拟实验，进一步探讨海昏侯蒸馏器的结构和工作原理。

一　海昏侯蒸馏器的结构分析

海昏侯蒸馏器也是由上、中、下三部分构成：器盖、筒形甑和釜。了解器物的构造有利于我们更好认识设计者的目的及器物的功用。有学者认为海昏侯蒸馏器筒形器下面的两个流口，皆位于内外筒之间，只是位置一高一低，两个流嘴的作用是集液管和呼吸管，位置低的是用来收集冷凝液的，位置高的流口起到平衡内外气压，保证低的流口顺利流出冷凝液。筒形器上面的注水口，也被视为是平衡内外气压的。器物冷凝方式为空气冷凝，器盖上的管状把手，则是蒸煮东西的排气孔，在蒸馏冷却过程形成后，控制下釜火力可以不冒气。①

上述关于海昏侯蒸馏器的分析是基于错误的结构认识，故而对该器工作原理的阐释也是不正确的。首先是两个流口的位置判别有误，并非都位于内外筒之间，而是一个流口位于内筒，另一个位于内外筒夹层间；其次是器盖的管状设计，尽管中空，但向下并没有打通器盖，因此起不了排气孔的作用。

器盖形似漏斗，弧形隆起，顶部中央有管状的竖直把手，宽平沿（图4-13）。器盖使用时正放。使用过程中，蒸发的气体上行，碰到弧形隆起的盖内壁，液化后沿盖内壁向周边滑去。器盖上也可用湿布覆盖降温，以提高液化速率。竖直把手，推测是为了方便提拿设计的。

---

① 来安贵、赵德义等：《海昏侯墓出土蒸馏器与中国白酒的起源》，《酿酒》2018年第1期。

图 4 – 13　海昏侯蒸馏器的器盖

筒形器的主要结构包括：双筒、内流口、外流口、注水口、箅等（图 4 – 14）。外流口与夹层相连通，是为了排出夹层中的冷却水，即排水口。内流口与内筒下部的凹槽相连通，是冷凝液的出口。筒形器的注水口与排水口设计在筒一侧，表明水的注入和排放设计在一边，显然是为了方便实际中人工的操作。

从模拟实验中观察到，内外筒夹

图 4 – 14　海昏侯蒸馏器中的筒形器

层中的冷却水，下半部是冷而上半部已经变热，这是由于加热过程中，水蒸汽上行，先将上层空间占满导致的，因此需要不断地更换水，以保证整个夹层是冷水从而提高冷凝效果。内筒壁比外筒壁略高一点，盖子盖上时，恰好能使冷凝液滴落时进入不到夹层而是流入内壁底部的凹槽。

　　釜肩部有一周凸出的宽沿，起到类似于锅圈卡灶的作用。釜上的注水口可以用来注水，或者使用完毕后，方便将釜中的液体倾倒出来（图4-15）。现代进行水上蒸馏时，装置中要求有安全管及足够的饱和蒸汽，安全管起到连通加热装置与大气的作用，也起到防爆的作用。而海昏侯蒸馏器注水口的设计，一方面便于及时续补注水，保证釜中水量恒定，同时也起到类似安全管的作用，满足水上蒸馏操作所需的饱和蒸汽。

图4-15　海昏侯蒸馏器中的下釜

二　海昏侯蒸馏器的工作原理

海昏侯蒸馏器的承露方式具有明显的外承特征，但也有学者认为该器的承露方式为内承，内承时操作如下：器盖的管状柄正对筒形器的箅，即器盖是倒扣于筒形器上，内、外筒夹层不装冷却水，将内筒的两流口堵住，在筒形器内置接收冷凝液的器皿。[1]

如果用上述的内承法来承接冷凝液，那么筒形器的外筒及注水口、外流口等就起不到作用，这与结构的设计相矛盾，不符合设计者的意图和使用目的。实际上，使用时器盖的管状柄应该是朝上而不是正对筒形器的箅隔，没有意识到这一点，就可能导致对该器的承露方式的认识不清。

海昏侯蒸馏器出土时箅上有菱角、芋头、板栗等残留物，[2] 如果该器仅仅用于蒸煮食物，那么夹层的流口、内筒的流口、筒形器的注水口、釜上的注水口等结构基本起不到作用，蒸煮食物显然不符合该器的复杂的结构设计。菱角、芋头、板栗等都含有一定量的淀粉蛋白质，均可以进行发酵，制成酒醅，而它们在箅上的残留，很大可能是酒醅进行水上蒸馏时留下的。

图 4-16 既是海昏侯蒸馏器的结构示意图也是其工作示意图。使用时，将水、料于釜和箅上置放装好，由下至上将釜、筒形器和盖套合严密，将外龙形流口先封上，从注水口将夹层注满水，将内流口连接一导管通入外部接收器皿或直接在内流口下方，放一接收容器。

蒸馏过程中生成的蒸汽上行，在夹层水冷凝作用下，碰到器盖内壁快速冷凝，沿器盖内壁、内筒内壁，流入筒形器底部凹槽中，通过和凹

---

① 钱耀鹏：《西汉新莽墓所出蒸馏器的使用方法及意义——兼谈海昏侯墓出土的蒸馏用具》，《西部考古》2017 年第 2 期。

② 杨军、徐长青：《南昌市西汉海昏侯墓》，《考古》2016 年第 7 期；蔡克中、翟燕燕：《海昏侯饮食器具对现代产品设计启示》，《包装工程》2018 年第 22 期。

槽相连的内流口流出、收集。蒸馏过程中，根据夹层壁温度可随时打开外龙口，进行冷却水替换，注水口和出水外流口在一侧，一个工人即可掌控。

　　海昏侯蒸馏器，其圈足较高，箅子近足底，如此就形成了较大的储料空间，同时釜的体积也比较大，釜口直径就达 27.5 厘米。蒸馏时，蒸料置于水中（图 4 – 17）或置于箅上（图 4 – 18），加热过程中气体不断上升，依靠器盖的空气冷凝和内外筒间的水冷凝，蒸汽在器盖和筒形器内层壁上液化，穹庐形的器盖使得液化的液滴沿着器盖内壁或者筒形器内壁滴落到内壁凹槽，再通过内部流口流到承接器。

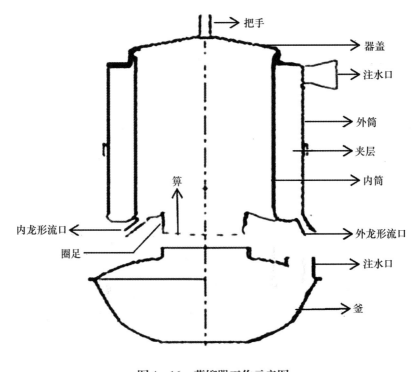

图 4 – 16　蒸馏器工作示意图

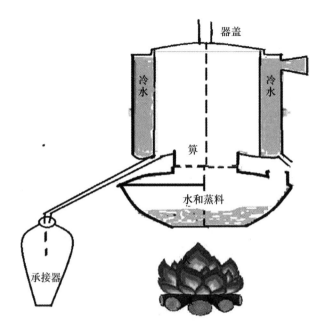

图 4 - 17 海昏侯蒸馏器水中蒸馏示意图

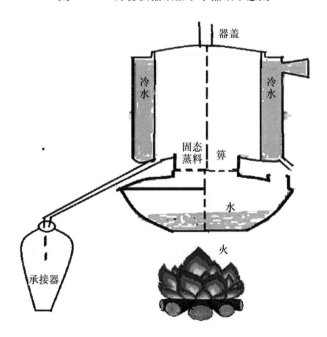

图 4 - 18 海昏侯蒸馏器水上蒸馏示意图

第三节　结合酿造、炮制技术等再探蒸馏器用途

对淀粉类食物进行酿造时，选用不同的发酵方式，可以分别得到酒醪和酒醅。从状态而言，醪呈现半流动态或流态，醅则近于不流动的固态。在中国传统的白酒蒸馏中，半液态或液态发酵所得的酒醪，采取的是水中蒸馏的方式；固态发酵所得的酒醅，采取的是水上蒸馏的方式，这样约定俗成的操作，实际上是古代酿酒技术不断积累的经验总结。

中国古人很早就已经意识到：不同发酵方式得到的发酵酒，可选择用不同的蒸馏方式进行酒液的提取。对此，在古籍中也可找到一些端倪。元人忽思慧所著的《饮膳正要》中载"用好酒蒸馏取露成阿剌吉"[1]，这种烧酒"味甘辣，大热"，阿剌吉即烧酒、蒸馏酒，这是目前关于蒸馏酒的最早文字记载，其描述的是将某种浓度较低的酒液置于蒸馏器中进行蒸馏提取，获得度数较高的烧酒。明代李时珍《本草纲目》中记载："……蒸令气上，用器承取滴露，凡酸坏之酒，皆可蒸烧。近时惟以糯米或黍或秫或大麦蒸熟，和曲酿瓮中，七日，以甑蒸取，其清如水，味极浓烈，盖酒露也。"[2] 其中所描述的大意是：将发酵好的酒醅放在甑上，蒸馏提取酒液，用这种方法，发酵酸坏的酒醅也可以拿来进行蒸馏。不同的谷物都可用于酿酒，待谷物蒸熟后，拌曲，然后放入瓮中发酵七日后蒸馏，所得酒液清澈且酒度数很高。

上面《饮膳正要》和《本草纲目》关于酒的蒸馏，分别用到的是水中蒸馏和水上蒸馏。这些文献材料说明元、明时期甚至更早，人们已经积累了丰富的酿酒经验，知道如何通过不同的蒸馏方式有效提取酒醅或酒醪中的精华。

---

① （元）忽思慧：《饮膳正要》，上海书店出版社 1934 年版，第 122 页。
② （明）李时珍：《本草纲目》（点校本，第 3 册），人民卫生出版社 1978 年版，第 1567 页。

成书于北魏末年（533—544 年）的《齐民要术》中记载了 43 种酿酒的方法，如作颐酒法、作春酒法、夏米明酒法、冬米明酒法等，但除了穄米酎法和黍米酎法，其余均为液态发酵。书中对南北朝时期的固态发酵技术即穄米酎法和黍米酎法，进行了详细的描述。[1] 穄米和黍米都属于"黍（糜子）"。穄米为粳糜子，不粘；黍米为软糜子，有黏性。

穄米酎法酿酒的大致步骤是，将穄米淘洗干净，浸泡一夜，捣碎成粉末，用簸箕筛选。取少量穄米细粉末煮成粥。剩余穄米粉用甑蒸熟，摊冷，加入提前捣碎的酒曲搅和，再与冷却的粥共同放入瓮中相和，压严实，分成几块，以泥密封。黍米酎法酿酒的大致步骤是，将黍米淘洗干净，用甑蒸熟，摊冷，加入提前捣碎的酒曲搅和，再与冷却的粥共同放入瓮中相和，压严实，分成几块，以泥密封。

文中还提到"得者无不传饷亲以为恭"，讲述的是：将穄米酎法和黍米酎法所酿得的酒赠送长辈，被认为是孝敬的表现，说明此法得酒，在当时应该比较稀有、珍贵。"先能饮者好酒，一斗者，唯禁得升半"，推测此法得酒的度数是当时一般酒的十倍左右。"多，喜杀人"，可见这两种方法所得的酒度数明显高于其他方式所得。"正月作，至五月大雨后，夜暂开看，有清中饮，还泥封。至七月，好熟，接饮，不押，三年暂停，亦不动。"描述的是发酵到一定程度后，有酒液浸出，酒醅上挖小凹坑或挤压可得到酒液，但是其存在一个明显的缺点：每次开封所能取饮的酒量并不多，泥封后又需要继续等待，才能继续有酒液浸出。穄米酎法和黍米酎法在酿法上都是曲末不经过浸曲，而是与蒸熟的米粉直接拌匀入瓮中发酵，近似于固态发酵。穄米酎法和黍米酎法，两种酿造方法上是一种工艺。除了原料略有差异，本质上并没有什么差别。

《齐民要术》中更多或主流的酿酒方法是液态发酵，尤以"九酝春酒"为代表。据《齐民要术》记载：东汉建安元年（196），曹操曾将家

---

[1] （北魏）贾思勰：《齐民要术》，团结出版社 1996 年版，第 282 页。

乡产的"九酝春酒"进献给献帝刘协，并上表说明九酝春酒的制法。曹操在《上九酝酒法奏》中说："臣县故令南阳郭芝，有九酝春酒。法用曲三十斤，流水五石，腊月二日渍曲，正月冻解，用好稻米，漉去曲滓，便酿法饮。曰臀诸虫，虽久多完，三日一酿，满九斛米止。臣得法酿之，常善，其上清滓亦可饮。若以九酝苦难饮，增为十酿，差甘易饮，不病。今谨上献。"

"春酒"，就是春季酿的酒。"九酝春酒"恰是在"腊月二日渍曲，正月冻解，用好稻米，漉去曲滓，便酿"的"春酒"。"九酝"即分九次将酒饭投入曲液中。九酝春酒即是用"九汲法"酿造的"春酒"。具体方法是先将饼曲破碎，再以水浸泡之，这是将酶浸出，扩大酵母培养的过程，然后将饭分批投入，依次增量的方法，[①] 九酝春酒法就是将饭分九次投入。《齐民要术》的著者贾思勰解释"九酝用米九斛，十酝用米十烘，其用曲三十斤，但米有多少耳"[②]。米多米少是由酒曲"杀米"，即曲对于原料米的糖化和酒精发酵的效率决定的。曲多酒苦，米多酒甜。所以《齐民要术》才会说用米多少，"须善候曲势：曲势未穷，米犹消化者，便加米，唯多为良"，同时"味足沸定为熟。气味虽正，沸未息者，曲势未尽，宜更酘之；不酘则酒味苦，薄矣"。"九酝"的酒用三十斤曲"杀"九斛米，因曲多米少而"苦难饮"，再多投一瓮米，即增一酿，则曲、米之比恰到好处，酒亦"差甘易饮"了。从九酝春酒的记载中，我们可以看到对酿造时节、源水、粮米比例都有精细描述。要求使用流水在腊月渍曲，该季节处在每年最冷的时节，曲药在冰冷泉水中浸泡，此时气温很低，环境及发酵体系中的微生物代谢基本停止，可以防止外界染菌情况的发生，直至冰雪消融、万物复苏的正月开始春酿。工艺精细的另一体现，表现在液态酿酒体系中粮曲比例对产品口感的重要

---

① 包启安：《南北朝时代的酿酒技术（续）》，《中国酿造》1992 年第 2 期。

② （北魏）贾思勰：《齐民要术》，团结出版社 1996 年版，第 283 页。

性。九酝春酒的发酵方式，显然属于液态发酵的范畴。

现已出版的科技史、化学史著作中常可见到有关中国古代酿酒始源的论点。[①] 商代的甲骨文中关于酒的字虽然有很多，但从中很难找到完整的酿酒过程的记载。对于周朝的酿酒技术，也仅能根据只言片语加以推测。我们侧重对酿酒工艺和过程有详细论述的文献寻找。

《齐民要术》记载的既有液态发酵工艺，也有固态发酵工艺，对于这两种工艺尤其是后者，汉代是否已经存在，文中并未明说。但《齐民要术》实际征引的古书和著作多达 150 多种。[②] 例如西汉末的《氾胜之书》，大约在南、北宋之际就散失了，由于《齐民要术》引用，保存了一部分重要内容。东汉的《四民月令》也主要依靠《齐民要术》所征引的资料，到近代才有了四种辑佚本。《齐民要术》的引用，为我们保存和了解北魏以前的重要农业科学技术资料提供了可能。

在汉代文献中我们也能看到对这种连续发酵的酿酒方法的描述，如《西京杂记》卷一："汉制，宗庙八月饮酎，用九酝、太牢。皇帝侍祠，以正月旦作酒，八月成，名曰酎，一曰九酝，一名醇酎。"汉代张衡的《南都赋》："酒则九酝甘醴，十旬兼清。"近年来，对长沙马王堆西汉墓中出土的简帛医书研究可知其中药酒的酿制，包括了原料组成、酿制过程、饮服方法与功能主治等内容。虽然部分制酒方法的文字残损严重，不能见其全貌，但是也可从中窥测当时药用酒的制作方法之多以及在治病疗疾、补益养生、强身健体方面的重要作用。在现存七个药酒酿制方中，最完整的是《养生方》"醪利中"篇的第三个药酒方。其药用酒主要选用稻米、黍米与麦等原料，在米麴和麦麴的催化下，经过细切、浸泡、淘洗、过滤、发酵、蒸煮等数道工序，才制作成醪酒。[③] 其技术成

---

　　① 张子高：《中国化学史稿·古代之部》，科学出版社 1964 年版；周嘉华等编：《中国科学技术史·化学卷》，科学出版社 1998 年版；陈騊声：《中国微生物工业发展史》，轻工业出版社 1979 年版。

　　② 李群：《贾思勰与〈齐民要术〉》，《自然辩证法研究》1997 年第 2 期。

　　③ 周祖亮：《简帛医书药用酒文化考略》，《农业考古》2015 年第 4 期。

熟，工艺复杂。这些粮食酒，配以适当的药物，经过再加工后就可以制作成相应的药酒。

　　各种考古材料也为我们了解汉代酿酒工艺提供了依据。1979年四川省成都市新都区新龙乡出土汉代酿酒画像砖（图4-19，图4-20）。画像砖长49.5厘米、宽28.3厘米、厚6厘米。浅浮雕的画面上，右上端为歇山式房顶，房前垒土为炉，灶前酒炉一座，内有三坛，坛上有螺旋圆圈，连一直管通至炉上，左侧一人推独轮车，车上置酒，下一人挑着酒往外走。画像上为瓮形酒具。

　　有观点认为，画像砖中的"酿酒"作坊反映了液态蒸馏酒的产生，但实际缺少对画面的剖析。仔细观察，在画像砖炉的内侧，有一口用于酿酒的大釜。一人立于釜前，衣袖高挽，左手靠于釜边，右手在釜内操作，仿若正在和曲搅拌；一旁，有挽髻女子似在帮忙打下手。画像中敞开式的操作内容实际反映的仍为酿造酒的场景。而2003年西安北郊西汉

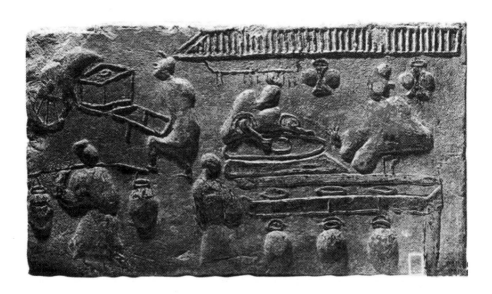

图4-19　新龙乡出土酿酒画像砖

图 4-20　酿酒画像砖拓片

墓葬出土的粮食酒①也与此相互印证。

　　酿酒业是两汉规模较大的一项手工业，当时酒肆作坊分布极广。画像再现当时酒作坊生产和销售场景，反映出汉代饮酒之风之盛和酿酒业之发达。汉代酒多为粮食酒，酿酒时，需要先将粮食主要成分——淀粉，分解为简单的糖以后，利用酵母发酵作用，使糖转化为酒精，而饼曲的使用可使上述糖化和酒化两过程交替进行。东汉的九酝春酒法更是有力地促进了酒的醇厚和度数的提高。

　　工艺的出现与成熟需要时间的累积，我们有理由认为《齐民要术》提到的酿造工艺也是对两汉成熟酿酒技术的总结。

　　通常来说，蒸馏器中有无箅的安置，可作为判断能否进行水上蒸馏的最直接的依据。箅最初有陶质、竹质，有蒸食和烘烤功能，② 箅的本质作用是用来放置固态的食物。《说文解字》中载："箅，蔽也。所以蔽

---

　　① 杨永林：《西安出土的西汉酒有了权威检测结果———西汉酒为粮食酒的一种》，《光明日报》2003 年 7 月 13 日。
　　② 钱溢汇：《谈山东日照两城发现的烤箅》，《中原文物》2002 年第 4 期。

甑底。"清代段玉裁注曰:"甑者,蒸饭之器。底有七穿。必以竹席蔽之米乃不漏。"说明对于需要蒸汽透过将其煮熟而体积较小的蒸食对象,带孔的算是最佳选择。张家堡和海昏侯蒸馏器中的带算的筒形器也可看作是甑的一种特殊类型,算上放置的蒸馏对象必然是半固态或固态的。

在传统固态发酵的白酒生产中,甑是蒸馏器中非常关键的一个单元,习惯称之为甑桶,沿用千年的甑桶,是中国独有的。《本草纲目》记载了我国各地因地取材来制作各种甑,曰:"黄帝始作甑、釜,北人用瓦甑,南人用木甑,夷人用竹甑。"[1] 木甑、瓦甑、竹甑,乃一般贫民之用,而贵族所用常为铜甑。汉代海昏侯和张家堡蒸馏器中的筒形器物即筒形甑,与近代所见的甑桶的结构基本一致。彭明启考察了近、现代四川、贵州地区,发现一直沿用到当代的蒸馏酒醅的蒸酒设备,[2] 其中起到关键作用的就是带算的甑。甑上面为天锅,天锅兼具盖子和冷却器。图4-21中是进行固态酒醅蒸馏的两种装置,除了冷凝器不同,一个是锅式冷却,一个是壶式冷却,其他结构都是一样的。算的应用是根据固态酒醅的特性而设计的,[3] 而固态发酵是中国独有的传统酿酒技术。

现代蒸馏酒工艺认为,蒸馏酒的风格很大程度上取决于蒸馏提取的工艺。[4] 有学者曾尝试用固态发酵所得酒醅分别进行水中蒸馏和水上蒸馏,结果显示,水中蒸馏出的酒香味物质少,高级醇含量高,口感差于水上蒸馏所得酒。[5] 现代研究发现,固态蒸馏能将含酒精4%的酒醅,浓缩为酒精含量55%—65%的高度白酒,而且能将酒醅中的众多微量香气成分,有效浓缩到成品酒中。因为在蒸馏过程中发生热变作用,即酒醅中的微生物在蒸馏的过程中,进一步发生化学反应,产生了新的物质。[6]

[1] (明)李时珍:《本草纲目》(点校本,第3册),人民卫生出版社1978年版,第2208页。
[2] 彭明启、卢斌等:《古代天锅一元化蒸馏冷却模式的探讨》,《酿酒科技》1995年第6期。
[3] 沈怡方:《传统白酒的蒸馏》,《酿酒》1997年第3期。
[4] 浦凌龙:《浓香型大曲白酒蒸馏技术的研究》,硕士学位论文,天津科技大学,2005年。
[5] 章克昌主编:《酒精与蒸馏工艺学》,中国轻工业出版社2014年版。
[6] 沈怡方:《传统白酒的蒸馏》,《酿酒》1997年第3期。

古人不具有今天的化学常识，但在长期的蒸酒实践中积累了丰富的蒸馏知识，并且对发酵技术与蒸酒技术之间的关联有了丰富的认识。

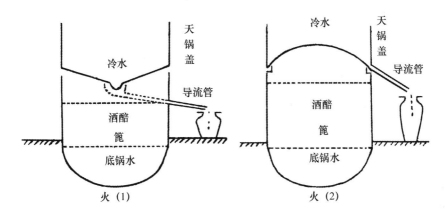

图 4 - 21　古代蒸馏器结构（固态酒醅类）示意图[①]

　　蒸馏器是蒸馏酒生产的必要条件，但具体到古代单个蒸馏器的用途——炼丹、蒸馏酒还是花露，还需进一步探讨。中国古代炼丹是从朱砂矿（主要成分为硫化汞）中解热提取单质汞，汞有一特性：能够和除铁以外的多数金属单质生成汞齐，丹房所用的反应釜均为陶质和铁质，就是利用铁的这一特性，作为反应容器的。上述两件汉代蒸馏器是青铜质地，水银和铜能够生成铜汞齐，用青铜蒸馏器来进行单质汞提取，显然是不合适的。

　　模拟实验证明张家堡蒸馏器可以有效蒸馏酒和提取花露。但用于蒸馏酒的话，器盖中的底座和榫卯结构都显多余，很难想象古人会设计和铸造如此复杂而又不必需的结构。汉代的造物往往注重物的实用性，时人王符曾提出了"有工者，以致用为本，以巧饰为末"的思想，[②] 故而

　　① 彭明启、卢斌等：《古代天锅一元化蒸馏冷却模式的探讨》，《酿酒科技》1995 年第 6 期。
　　② 王瑞芹：《汉代民俗文化观念对造物设计的影响——以徐州出土汉代造物设计为例》，《江苏师范大学学报》（哲学社会科学版）2017 年第 1 期。

蒸馏酒可能不是该蒸馏器设计的主要目的。

花露作为水和精油的混合物，流动性不如酒。张家堡蒸馏器中器盖的榫卯结构，在蒸馏过程中产生的振动作用，刚好弥补了花露流动性的缺陷，更利于液体下滑。模拟实验结果反映出张家堡蒸馏器设计的致密性非常好，我们推测张家堡蒸馏器更偏向于提取流动性较弱的液体，比如提取液中含有精油成分的药物和花瓣等。结合蒸馏器中算上空间小，无法放置太多的蒸料，又无法满足水上蒸馏时所要求的稳定的蒸汽量，综合推测，张家堡蒸馏器，更偏向于水中蒸馏药物或花瓣。

模拟实验证明，海昏侯蒸馏器适用于水上蒸馏和水中蒸馏。该蒸馏筒形器内的算和圈足形成的空间较大，适宜放置固态物。彭华胜曾对海昏侯墓出土的木质漆盒内的样品进行过鉴定与分析，[①] 利用核磁、三维重建、显微分析，证明其为玄参科地黄属植物的根。样品的辅料层清晰的淀粉粒表明，植物有可能过水及加热后再裹上淀粉类辅料；辅料层中的蔗糖非植物内源性蔗糖，而是外源性添加物；检测到的成分为双糖，又排除了其来自天然蜂蜜、糯米或麦类制成的糖制品；当时可能还没有蔗糖的制造，推测辅料层中的蔗糖可能来自甘蔗。从而推测其炮制工艺：取地黄属植物的根或与其他淀粉类辅料，进行蒸或煮制，再裹以甘蔗汁和淀粉类等辅料。

地黄在《神农本草经》中被列为上品，"味甘，寒，……逐血痹，填骨髓，长肌肉，作汤除寒热聚，除痹"[②]。《黄帝内经》对"痹"的解释："风湿寒三气杂至，合而为痹也。"[③]《汉书·武五子传》载海昏侯刘贺"年二十六七，为人青黑色，小目，鼻末锐卑，少须眉，身体长大，

---

① 彭华胜、徐长青、袁媛等：《最早的中药辅料炮制品：西汉海昏侯墓出土的木质漆盒内样品鉴定与分析》，《科学通报》2019 年第 9 期。

② （清）顾观光：《神农本草经》，于蒙童编译，哈尔滨出版社 2007 年版，第 23 页。

③ （唐）王冰撰，鲁兆麟主校：《黄帝内经·素问》，辽宁科学技术出版社 1997 年版，第 70 页。

疾瘘，步行不便"①，据彭华胜考证，"瘘"为风湿病也。地黄的去风湿功效与《汉书》载刘贺患有瘘疾之症相吻合。张仲景在《伤寒论》②和《金匮要略》③所用方剂中，多数药物标注了需要进行炮制，说明汉代中药的炮制已经较为普遍。南北朝雷敩所著的《雷公炮炙论》中记载了地黄的炮制方法："采生地黄，去白皮，瓷锅上柳木甑蒸之，摊令气歇，拌酒再蒸，勿令犯铜铁，令人肾消并白髭发，男损荣，女损卫也。"④南北朝时用瓷锅和木甑组合的蒸煮器，进行地黄的炮制。地黄性寒，而酒性热，可折其寒。熟地成为自古到今养生保健食疗之佳品。

《雷公炮炙论》中提到炮制、煎煮地黄时"勿令犯铜铁"。后代的中医书籍如《本草蒙荃》《本草纲目》《本草通玄》《医宗必读》等，皆提出熟地黄炮制时忌铜铁器。⑤今天来看，其本质可能是金属离子容易与中药的某些成分如鞣质类物质发生化学反应，生成沉淀，影响药物的疗效。"勿令犯铜铁"的最早出处，源自专书《雷公炮炙论》，但药物加工制作方式方法不是一蹴而就，这种常识的形成可能更早，不排除汉代对此已经有所认知，轻易不会用铜铁器蒸煮地黄类材料，加之地黄的药性与刘贺病症不合，基本排除了海昏侯蒸馏器用于蒸馏提取地黄有效成分的可能。

根据出土物的分类，海昏侯墓墓室被划分为武库、文书档案库、娱乐用具库、乐车库、车马库、厨具库、酒具库、乐器库、粮库、钱库，⑥地黄根与琴、棋等共同出土于娱乐用具库，出土时装在木质漆盒内，而蒸馏器出土于酒具库。蒸馏器出土时算上有菱角、板栗、芋头、茅等残留，⑦

---

① （西汉）班固：《汉书》，太白文艺出版社 2006 年版，第 502 页。

② （东汉）张仲景著，刘度舟主编：《伤寒论校注》，湖南科学技术出版社 1982 年版。

③ （东汉）张仲景著，何任编：《金匮要略校注》，人民卫生出版社 1990 年版。

④ （南北朝）雷敩：《雷公炮炙论》，安徽科技出版社 1991 年版，第 24—25 页。

⑤ 张发科、吕清涛等：《玄参炮制历史沿革的探析》，《山东中医杂志》2007 年第 5 期。

⑥ 杨军、徐长青：《南昌市西汉海昏侯墓》，《考古》2016 年第 7 期。

⑦ 杨军、徐长青：《南昌市西汉海昏侯墓》，《考古》2016 年第 7 期；蔡克中、翟燕燕：《海昏侯饮食器具对现代产品设计的启示》，《包装工程》2018 年第 22 期。

这些食物有一定的食疗功能。唐人孟诜所撰《食疗本草》载："栗子，生食治腰脚，蒸炒食之，令气拥，患风水气，不宜食；芋，主宽缓肠胃，去死肌，令脂肉悦泽；芰食，平，上主治安中焦，补脏腑气，令人不饥，仙方亦蒸熟，曝干，作末，和米，食之休粮，凡水果之中，此物最发冷气，不能治众疾；乌芋（又称荸荠），又云凫茨也，冷，下丹石，消风毒，除胸中实热气。可作粉食，明耳目，消疸黄。"① 栗子，蒸后食用，令气拥，患风湿者不宜。菱角，性冷，不能治众疾。栗子和菱角这两种食物单独拿出来蒸熟食用，对于患有风湿病的刘贺来说，是不利身体的。

　　常规的甑、甗等食器，均可完成食物蒸煮，若用海昏侯蒸馏器进行食物的蒸煮，则显得大材小用。故而，尽管算上存在这些植物残留，我们推测对它们进行蒸煮直接食用的可能性并不大。这些植物均为富含淀粉的食物，是较好的酿酒原料。现代日本的烧酎酒，也是蒸馏酒的一种，能用多达 50 种左右的丰富原料制成，如大麦、地瓜、荞麦、稻米到红糖、栗子、芝麻、大葱甚至是胡萝卜等。由于地域、气候、环境的不同，人们常常采用生活中最常见的粮食作物或淀粉类植物来酿酒。

　　综合几方面分析，我们排除了海昏侯蒸馏器用于加工地黄、炼丹的可能。前文模拟实验表明，西汉时期的海昏侯蒸馏器和东汉时期的张家堡蒸馏器都能完成水上蒸馏和水中蒸馏，能够有效提纯酒醅和酒醪中的酒精。结合前面分析，推测其最大可能还是用于蒸馏粮食酒，西汉海昏侯蒸馏器可以进行水上蒸馏酒醅和水中蒸馏酒醪。当然，依照当时技术得到的可能是度数略低的白酒。酿酒的原材料不一样，成品的酒度数也不太一样。海昏侯蒸馏器较大的容量，也从另一角度说明其产量大，度数可能不会很高。低度的蒸馏酒因其度数较低，相比其他烈酒更为轻松，喝起来会保留食物本来的味道，可能更适合于日常就餐饮用。

---

　　① （唐）孟诜撰，张鼎增补，付笑萍校注：《食疗本草》，河南科学出版社 2015 年版，第96—103 页。

第五章　中国古代蒸馏器与蒸馏技术的发轫

　　海昏侯和张家堡出土的两件汉代蒸馏器属性得以确认，无疑将蒸馏器甚至蒸馏酒出现的时代大大提前。中国古代蒸馏器究竟何时发轫，又是如何发展的，我们尝试借助考古实物材料来进行梳理。

第一节　不同时代蒸馏器考古实物的比较

　　河北省秦皇岛市青龙县土门出土一件铜烧酒锅，[①] 该烧酒锅为双合范，黄铜铸造而成，有上下两器，上器是冷却器，下器是甑锅，套合组成（图5-1）。甑锅做成半球形，高26厘米，口径28厘米，最大腹径36厘米，腹中部有环形錾一周，宽2厘米，厚0.5厘米，便于扣在灶上。口沿作双唇凹槽，宽1.2厘米，深1厘米，是为汇酒槽。从汇酒槽通出一个出酒流。一端是与锅体同范铸成的铜流，另一端是插入的铁流。出土时铁流部分已残，但从残迹仍可察知全流约长20厘米，铜流部分与铁流部分长度成一与四之比。上分体是一圆桶形冷却器，高16厘米，口径31厘米，底径26厘米。穹隆底，隆起最高7厘米，近底处通出一个排水流，从结构看，也是由铜流、铁流接合而成，出土时仅见与器身同

---

① 青龙县井丈子大队革委会、承德市避暑山庄管理处：《河北省青龙县出土金代铜烧锅酒》，《文物》1976年第9期。

铸的铜流部分，残长2厘米，全长不明。冷却器底沿作牡唇，当上下二分体套合时，牡唇与汇酒槽的外唇内壁正相紧贴。

青龙县这套酒锅的年代先被定为金代，后又经仔细比较，将其年代上限定为辽代后期，下限定为元代初年，大体上属于金代或金末元初时期的遗物。考古工作者根据甑锅内壁遗留下来的使用痕遗存在明显的分层，在水面以上近锅腹处安一箅子，在甑锅内加水，把蒸料放在箅上装好，将上分体筒形器与甑锅套合，进行加热蒸酒实验，进而收集从流口流出的冷凝液。实验证明了该套装置是一件实用有效的小型蒸馏器。[1]这套金代铜酒锅工作原理示意图见图5-2。

关于这套酒锅用法的认识，之前多认为其是中国蒸馏酒技术臻于完善的一个重要物证，大体上可以认为是蒸馏酒的开始。[2]近年来，网络上也有不同声音，认为这套酒锅的体量，不适合蒸馏酒，是用来炼汞的蒸馏器。[3]

图5-1 金代铜烧锅（承德博物馆）

---

① 林荣贵：《金代蒸馏器考略》，《考古》1980年第5期。

② 李华瑞：《中国烧酒起始的论争》，《中国史研究动态》1990年第8期。

③ 王赛时：《中国蒸馏器不是酿酒业的专利》，https://page.om.qq.com/page/OPGQTt 4azry3XA01oQRoy-5A0；辛德勇：《海昏侯墓出土蒸馏器与西汉贵族服食丹药的风气》，http://m.thepaper.cn/quickApp_jump.jsp? contid=14050791。

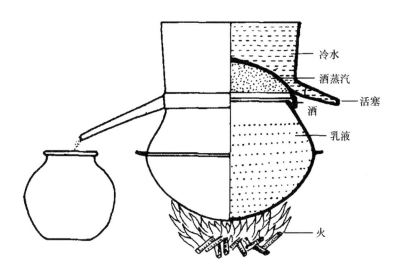

图 5 - 2　河北青龙县出土的蒸馏器蒸酒流程图[①]

　　1983 年，内蒙古巴林左旗隆昌镇十二段村出土过一件"铜酿酒锅"，时间久远，未能见到发掘报告以及同出的其他器物，更多信息无法获知。这件酒锅为青铜质地，通高 48 厘米，由上、下分体组成。下分体为甑锅，上部是圆锅。甑锅为圜底，鼓腹，上腹内收，内外沿之间有一周凹槽。最大腹径 42.4 厘米、高 33 厘米，内沿高 1.5 厘米、外沿高 3 厘米，二者之间的凹槽深 2.5 厘米。外沿的外侧有一流，流直径 2 厘米、残长 6 厘米，流孔长 2 厘米、宽 0.5 厘米。锅的圆底略有残损，可以看出圆底经多年火烧，数度破损，并由外向里用生铁片焊补过。

　　上分体的圆锅直径 41.6 厘米，通高 17 厘米。锅体由三片等均体合范铸成，范缝未经打磨，口沿上有两个对称的方形耳，其两侧有弧形斜支。耳宽 7.3 厘米、高 5.2 厘米。锅外壁近底部有对称的方形实芯扣錾，錾微向下倾。不算方耳高度，圆锅只有 11 厘米高。外底呈弯

　　①　林荣贵：《金代蒸馏器考略》，《考古》1980 年第 5 期；罗丰：《蒙元时期的酿酒锅与蒸馏乳酒技术》，《考古》2008 年第 5 期，后者在前者基础上改绘制图。

隆状，最高处约5厘米。内底作球形，外壁有一流，口外径2.4厘米，内径1.9厘米，残长5厘米。圆锅的下边缘正好与甑锅上口相扣合，锅的下边缘正好与甑锅上口相扣合。上部圆锅的器壁较下部甑锅的器壁稍薄一些。实物见图5-3，结构示意图见图5-4。

对比内蒙古巴林左旗出土的酿酒锅和河北青龙县出土的铜烧锅，两者形制、功用一致。虽然它们有可能同属蒙元时期，但巴林左旗出土青铜锅的年代稍早些。它们都是蒙元时期生产乳酒的设备。[①] 二者工作原理一致：在穹隆底的上锅内承放冷水，将上锅边侧的流口堵住；下锅里加入水和原料或加算，算上放原料；将上下锅扣合，加热后，蒸汽上

图5-3 内蒙古巴林左旗出土铜酿酒锅实物图[②]

1. 甑锅凹槽 2. 锅底焊补痕迹 3. 圆穹隆底 4. 甑锅流 5. 圆锅扣錾

① 罗丰：《蒙元时期的酿酒锅与蒸馏乳酒技术》，《考古》2008年第5期。
② 罗丰：《蒙元时期的酿酒锅与蒸馏乳酒技术》，《考古》2008年第5期。

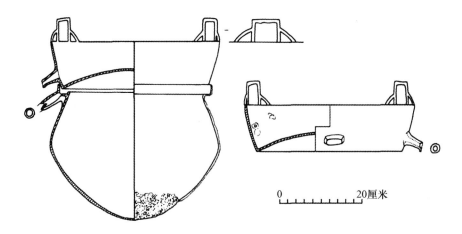

图5-4　内蒙古巴林左旗出土铜酿酒锅结构图

行，碰到上锅冷的穹隆底，冷凝为液滴，沿穹隆底滑落流入上锅的凹槽，通过与凹槽相连的流口滴入外部承接的器皿中。可以根据上锅内承放水的水温和冷凝效率，确定何时将上锅边侧堵住的流口打开，重新更换冷水。

二者也存在一些细微差异，青龙县出土青铜锅的甑锅，其腹部中央有一周环錾，而巴林左旗的则没有；青龙县出土的青铜锅的冷却器（上部圆锅）高16厘米，巴林左旗的仅高11厘米；青龙县青铜锅冷却器下部底沿有牡唇，巴林左旗无；青龙县青铜锅的甑锅看不出范缝，通体厚薄一致，巴林左旗的范缝明显且厚薄不均。这些制造工艺的差异、器物套合后密封程度以及冷却面积的大小，表明青龙县出土的青铜锅在设计和功能上，都明显要比巴林左旗出土的酿酒锅蒸馏的效率更高，更进步一些。

为了更好地了解我国古代蒸馏器的结构、功用以及发展规律，我们尝试从器物尺寸、构造、冷却器、冷却方式以及收集方式等角度，对几件出土的不同时代蒸馏器实物进行比对分析，详见表5-1。

尽管一些数据收集不够完全，但从表5-1中仍能反映出，海昏侯蒸馏器尺寸明显较大，其他几件器物尺寸，差别不是很大。从表中可以看

表5-1　几件古代蒸馏器的比对研究

	南昌海昏侯墓	西安张家堡墓	上海博物馆馆藏	安徽天长县	内蒙古巴林左旗	河北青龙县
时代墓主身份	西汉时期 昌邑王刘贺	新莽时期 贵族	东汉时期 墓主不详	汉代 墓主不详	蒙元时期 墓主不详	金代 墓主不详
器物示意图						
通高（厘米）	甗釜合体通高132厘米	套合后高度约四十几公分	甗釜通高45.5厘米	同上博馆藏蒸馏器	48厘米	41.6厘米
器物结构	由釜、筒状器和天锅三部分组成，筒状器内壁为夹层结构，筒状器底部有箅和凹槽，筒状器底部设两个流口，分别出水和出蒸馏液体	由镇、筒形器和盖三部分组成，筒形器内底部有箅，内有凹槽和流口	由甑、釜和盖组成，甑底设有凹槽和流口	同上博馆藏蒸馏器	由上、下两分体组成，下部为甑锅，甑锅上部设有凹槽有连的流口；上部是圆锅，圆号隆底，圆锅一侧设有出水口	由上、下两分体组成，下部为半球形甑锅，甑锅上设有箅，出酒槽与流口；上分体是筒形器（天锅），圆号隆底，带有出水流口
上分体	筒形器外口径53.4厘米	筒形器高35厘米 口径23.4厘米 底径22.8厘米	甑高21.1厘米 口径28.8厘米		上分体圆锅 直径14.6厘米 高17厘米	上分体筒形甑（天锅）高16厘米，口径26厘米 底径26.6厘米 底部穹隆状，隆起高7厘米

续表

	南昌海昏侯墓	西安张家堡墓	上海博物馆馆藏	安徽天长县	内蒙古巴林左旗	河北青龙县
下分体	铜釜口径27.5厘米	釜高9.6厘米 口径12.4厘米 釜镶径22.4厘米	釜高26.2厘米 口径17.4厘米		下分体甑锅 高33厘米 最大腹径42.4厘米	下分体半球形甑锅 高26厘米 口径28厘米
器盖	器盖口径53.2厘米 形似漏斗、弧形隆起	器盖似豆形器，通高18.8厘米，上部呈浅盘形，盘口径23.2厘米，底座覆钵形，底径16.8厘米，上下段用铆钉连接	盖佚	圆顶的盖	上分体兼具	上分体兼具
冷却器	壶式冷却器	壶式冷却器	壶式冷却器	壶式冷却器	壶式冷却器	壶式冷却器
冷却介质	冷水冷凝	冷水冷凝	空气冷凝	空气冷凝	冷水冷凝	冷水冷凝
收集方式	外承式	外承式	外承式	外承式	外承式	外承式

111

出，这几件蒸馏器的共性：材质均为金属材料——青铜或黄铜质地构成。均由上下两部分套合而成，上面的釜或甑锅均有出流口的设计。按照蒸馏器物结构与功用细化，这几件器物均有四部分设计：釜体部分，用于受热，产生蒸汽；原料部分：或箅上放置酒醅或其他蒸馏原料，或原料直接装于下面锅体内；冷凝部分：或空气冷凝或水冷凝；收集部分，均设有凹槽，来接收冷凝液，从流口流出，流入外部承接器中。器物蒸馏的路径均表现为上下垂直走向。

不同时代的蒸馏器均为分体套合结构，汉代四件蒸馏器均为三部分组成，由上、下两分体套合，使用时再加盖。上分体为甑或筒形器，下分体多为釜或类似釜的结构，套合装置的上分体中均设有箅，上分体下部都设有凹槽（集液槽）和流口。金、元时期两件蒸馏器则由两部分组成，上分体（圆锅或筒形器）的设计兼具了器盖以及冷却器的作用。汉代几件蒸馏器中都有箅的存在，蒸馏对象可以放置箅上或釜中，理论上可以实现水上和水中蒸馏。金元时期蒸馏器，原器物未见箅或箅托的痕迹，更大可能进行的是水中蒸馏。

汉代蒸馏器中，海昏侯和张家堡出土的蒸馏器用到了水冷凝，上海博物馆蒸馏器和天长县蒸馏器均用到空气冷凝。金元时期蒸馏器为水冷凝。表中蒸馏器的冷却面，无一例外均为凸起，即均为壶式冷却。

通过表5-1可以看出，这几件蒸馏器对冷凝液所用的收集方式都是外承法。因为器物的冷却面都是壶式的（倒扣的天锅），蒸馏过程中，蒸汽上升，沿倒扣的天锅的内壁和上分体器壁流下，汇入集液槽，然后通过流口流出，被收集。蒸汽不断产生、冷凝、液化、流出。采用外承法，可以保证此过程的不间断，从而提高蒸馏的效率。反之，若使用内承法，把接收器皿放在天锅下面，随着冷凝液的不断产生，接收器皿装满后，需打开蒸馏器，将接收器中的液体倒出，或更换接收器皿，这样会使工作中断，形成间歇性的生产，很大程度上，降低蒸馏效率和产率。这几件蒸馏器的收集液体方式均为外承法，外承法的应用，对于一次性完成蒸馏过程，获取蒸馏产品意义重大，也是蒸馏效率和产率的保证。从这个意义来讲，我们认为外承法是真正意义上的蒸馏的技术基础。

在分析过程中，我们发现，以锅式和壶式形貌来区分冷凝面，容易形成误区。从本质看，我们认为蒸馏器的冷却与器物冷却面是锅式还是壶式无关，而与它的承接方式是一致的，壶式的蒸馏器必须连接外承法，而锅式则选用内承法。张家堡墓蒸馏器，从外表看，放置冷水的冷却面凹陷，似乎是锅式的，但仔细分析其本质仍是壶式的，原因在于这件蒸馏器的器盖结构的特殊性：盖似灯形，柄是由榫卯连接的上下两段组成。从前文器物的示意图可以看出，其冷却器起作用的是盖上部的浅盘，使用时，鍑内的蒸汽上升，遇到上部浅盘的底部，冷凝后滴入筒形器底部集液槽（边槽）或沿柱柄滑落到盖下端的底座表面（形似倒扣的天锅）上，再从底座表面滑落下来，落入集液槽，从流口流出。从这件蒸馏器的工作原理与流程可以看出，冷凝液有少部分从锅式浅盘（盖上部分）滴落进集液槽，大部分沿着盖下部类似的"天锅"流入集液槽，借助的冷却面尽管有浅盘的锅式，更主要的仍是盖底座的壶式。因此，我们认为壶式和锅式的区分本质不能说明更多，而从承接方式来区分更有意义。

同为汉代的蒸馏器，海昏侯蒸馏器和张家堡蒸馏器又有各自的特点，海昏侯墓蒸馏器，形体和冷却面大，冷却产率较高。张家堡蒸馏器形体小，密封效果好，设计则最为巧妙、精细，猜测更有可能用来蒸馏花露、精油类或某类特殊功用的东西。汉代蒸馏器的精细程度与墓葬等级对应，高等级墓葬出土的蒸馏器，其设计更复杂、制作更精良、蒸馏器冷凝方式更先进，蒸馏冷凝效率更高。

西汉到金元时期的这几件蒸馏器，从结构、冷却面选择以及冷凝液接收方式来看，都是一致的，它们的结构与原理是一脉相承的。

第二节　上分体带流的套合器即最初的蒸馏器

当人们认识到用甑、甗蒸煮食物时，蒸汽可以冷凝成滴露，并需要对之有所利用时，自然想到通过内承法来完成对液体的接收，即放置接收器皿于箅上，这中间需要不断地打开器盖，取出接收器皿，倾倒其中的液体。该方法效率低，且操作不便。由此引发和要解决的问题就是：如何不开盖就能持续得到冷凝的液体？在器物上开槽设流，外承法应运而生，随之带来的就是带流的套合器出现。

考古工作者称之为流甗的铜器，表面上看，也是一种带流的套合器。但其流口设在下分体的釜上而非上分体的甑上，此类流甗本质仍是甗的属性。我们说的带流的套合器，是指流口位置设在上分体（甑或筒形器）。流口设计位置不同，最终导致器物功用的大不相同。

上分体带有流口的汉代套合器，尽管目前收集到的数量有限，但不是个案。可将其分为两类，第一类是由上甑、下釜套接的套合器，流口设在甑体下部，简称为甗形套合器；第二类是由上筒状器与下釜套接的套合器，流口设在筒状器下部，称之为筒形套合器。

第一类明确知道结构的汉代套合器，收集到的材料有三件，均为馆藏品。分别来自上海博物馆、滁州博物馆和柳州博物馆。安徽滁州的铜质带流套合器（见图 5 - 5），博物馆展厅器物标牌命名为汉代铜甗，国家一级文物。

此器为1996年由滁州琅琊区文物管理所移交而来，器物器形较大，通高48.5厘米，腹围84.8厘米，重6680克。从下往上，由釜、甑、盆套合组成。上部倒扣的盆，为弧腹平顶盖，腹部有弦纹，两侧有对称的铺首衔环。中层为甑，侈口外折宽口沿，深腹下收，腹有弦纹，两侧有对称的铺首衔环。下有圈足，底部有箅形隔，箅以十字均分为四个扇形区域，分别镂刻平行的线形透孔，相邻区域的透孔方向呈90度。底侧有一流。下层釜：直口，鼓腹，平底。上腹两侧有对称的铺首衔环，在腹中部有一道凸起弦棱。有限的图片还是能模糊看出其箅上有一沿（槽），应该是用于截留蒸发冷凝的液体，通过流口流出甑外。

图 5 - 5　汉代铜甗[①]　安徽滁州博物馆

广西柳州博物馆青铜馆也收藏了一件带流的青铜套合器（见图 5 - 6），器物标牌名为汉代铺首衔环弦纹带流铜蒸馏器。器形较大，从下而上由釜、甑、盖（残破）套合而成。通高 34 厘米，口径 26 厘米，底径 11 厘米。甑有储料和凝露的作用，甑的表面饰有弦纹，甑体下部有镂空箅和口向下的流管。釜腹部饰有凸起弦纹，甑腰部和釜肩部各有一对铺首衔环耳。盖穿隆顶，器物整体锈蚀严重，分布有绿色、土黄色和褐色等锈蚀。

上海博物馆馆藏的东汉青铜蒸馏器以及安徽天长县（今天长市）安乐乡汉墓出土的蒸馏器，与滁州和柳州的这两件套合器，结构极为相似。甑的底部有箅，内有凹槽，有流口；器盖为倒扣盆状或锅盖状。器物受

---

① 罗丰：《蒙元时期的酿酒锅与蒸馏乳酒技术》，《考古》2008 年第 5 期。

热后，蒸汽上行，碰到器盖，蒸汽冷凝滴落，沿器盖内壁散落至凹槽，从流管流至器外。区别仅是上海博物馆的这件器物的下分体上多加了注水的流口。这四件套合器结构大同小异，加料口有的有，有的无；器盖形状也不尽相同，但在上釜（或甑）上，均设有流口且流口向下。盆状或天锅形的盖，与甑的套合，使得器物的内部空间加大，便于一次蒸馏较多的原料。这四件套合器都属于第一类带流套合器。

图5-6　汉代青铜套合器① **柳州博物馆**

第二类套合器，是筒状器与下釜套合，流口设在筒状器下部。目前仅发现两件，分别为西汉海昏侯套合器和东汉张家堡套合器。海昏侯和张家堡带流套合器的原理和功用，前面已经进行过探讨。与第一类带流

① 柳州博物馆官网，http：//www. lzbwg. org. cn/home/index/clickmenu. html？cid＝35&pid＝7。

套合器不同处在于，这类器物的上分体由甑或釜变为筒形器。

两类套合器的结构有所不同，但从时代来看，它们都是汉代器物；从器形方面看，都是上下套合并加盖；上分体带流，流口朝下，液体依靠重力汇聚流出，这些器物中无论甑还是筒形器内壁下部，无疑均有一圈凹槽且与流口连通。两类套合器均具有蒸汽生成部分、装料部分、冷凝部分、收集部分，结构和原理上均能实现蒸馏，均通过外承法实现对冷凝液的接收。

两类带流的套合器显然都属于蒸馏器，第一类与第二类也明显存在不同，第一类依靠的是空气冷凝，第二类套合器结构明显更为精巧，都用到水冷凝，冷凝效果无疑好于第一类。海昏侯套合器由于设有夹层，冷水接触面大，且可以随时更换夹层水，保证水冷凝始终处于有效状态，整个器物蒸馏冷凝的效率大大提高。

无论第一类还是第二类，凡是上分体有带流口的套合器，我们可以基本判断其就是蒸馏器。上分体带流的套合器出现，使冷凝后得到的液体，不需要间断性打开器盖取出，从而保证了蒸馏操作的连续，生产效率明显提高。

我们推测，这种结构上带流设计的出现，可能是对某种蒸馏得到的液体或产品的需求量加大，希望蒸馏得到的产品能够随时生成，随时流走并收集。一旦对器物的功用提出新的要求，则需要为实现功用目标，对器物的结构有所改变——需要开槽设流。

流甗的功用仍为蒸煮器，分体甗到上釜设流的分体甗则是从蒸煮到蒸馏的改变，我们完全可以把流口是否位于上分体（甑或筒形器），作为判断器物是否有蒸馏功能的依据。汉代已经有了空气冷凝与水冷凝。青铜的材质表明第一类和第二类蒸馏器享有者的身份不会是一般百姓，而第二类蒸馏器中筒形器设计的精巧、水冷凝的高效，一方面显示出使用等级明显高于前者，另一方面推测它们使用功能或许有别于第一类。水冷凝取代空气冷凝是蒸馏器发展的必然，汉代两种冷凝方式共存，也反映出这是蒸馏器出现初期的特点。汉代出现上分体带流的套合器完全可以实现蒸馏功能，即上分体带流的套合器就是最初的蒸馏器。

第三节　汉代蒸馏器产生的原因

不管是第一类的甗形套合器还是第二类的筒形套合器，在平民生活中都难觅踪影，谈不上在社会生活中普及，其中水冷凝和空气冷凝共存，更反映出蒸馏器处于起步阶段，即使以后有新的考古材料问世，我们推测也不会将青铜蒸馏器出现的年代提早很多。早期蒸馏器出现在汉代，其背后的原因值得我们思考。

一　对分体甗的结构借鉴

分体甗可合可拆的结构，极大地增加了使用操作的便利度。有的分体甗，其下分体釜还设有注水口，更是利于往釜中加注或向外倾倒液体，无需拆开，随时能够注入水或原料，来保持加热过程的连续，从而保证有持续的蒸汽生成。汉代出现的蒸馏器，很大可能受到分体甗套合结构的启发。汉代上甑下鬲的甗演变为上甑下釜的组合，釜比鬲的使用更为灵活，汉代出现的上下套合的蒸馏器，是对汉代生活中上甑下釜套合的分体甗结构的借鉴。

分体甗的功用是蒸煮食物无疑，如果硬要把分体甗当作蒸馏器使用，则只能用内承法承接滴露。如果这样，冷却面和冷凝液的接收容器的选择要有所考究，理论上，只有正置的天锅能够完成内承法接露。实际考古发掘出土铜甗搭配的是平的或凸起的器盖，抑或是盆作盖。

我们分别来看这些器盖与铜甗套合，能否内承法实现蒸馏？上述平的或凸起的器盖无疑要充当冷凝器提供冷凝面。分体甗是上甑下釜的套合结构，中间呈腰状，箅子直径较小，承接器底部直径更要小于箅子直径，否则会阻碍蒸汽上升。如果冷凝用平盖或盆作盖，则要求内置接液器的口部要与盖面或盆底面大小匹配，这种上大下小的结构，很难保证承接器的稳定，况且承接器必定受上行蒸汽的撞击处于不稳定状态，更加剧了其发生倾斜或倾酒的可能；如果是拱形凸起的器盖，冷凝液会顺着器盖流到四周，进而流进下釜，难以保证冷凝液滴入中间放置的承接器。因此分体甗通过内承法，实际上是难以实现冷凝液的收集的（除非甗的容量非常大）。况且内承法进行产物收集时，还需要不断地打开上下釜，导致生产间断，蒸馏效率不高，蒸馏产量受限。

尽管排除了分体甗具有蒸馏作用的功能，但古代分体甗对蒸馏器的产生，具有结构上的启示作用：蒸馏器的套合装置，借鉴了分体甗上甑下釜或上下釜套合的结构。套合时可保证蒸汽产生的连续、冷凝液收集的高效；拆开时便于清洗或再次装料，以开始新一轮的操作。

二 酿酒发酵经验的累积

酒是碳水化合物经过发酵形成的。根据酿造原理，谷物酿酒时，由于谷物中的淀粉不能直接与酵母菌起作用，所以必须首先经过糖化的过程，即把淀粉先分解为麦芽糖或葡萄糖，而后发酵转化为酒精。糖化和酒化是酿酒工艺中不可缺少的两个主要过程。古人在实践中逐步认识和掌握了这一方法，发明使用曲蘖酿酒的方法。

酒曲的起源已不可考，关于酒曲的最早文字可能是周朝著作《书经·说命篇》中的"若作酒醴，尔惟曲蘖"，其中曲是发霉长毛的谷物，蘖是发芽谷物。原始的酒曲是发霉或发芽的谷物，人们对之加以改良，就制成了适于酿酒的酒曲。

酿酒业是汉代规模较大的一项手工业，在当时社会经济中占有重要地位。汉代普遍以曲酿酒。有关汉代酿酒的记载，都是直接以未经发芽糖化的谷物作为原料，只用曲而不用蘖。这种曲兼有糖化和酒化作用，可以使酿酒的两个主要过程同时进行。洛阳西郊汉墓出土陶器的文字中，有"大麦曲"和"小麦曲"的区分，① 可见汉代的酒曲已经有了不同的品种。汉代以谷物作为酿酒原料，谷物蒸熟后，加入大麦曲或小麦曲进行酿造，酒的质量是以酿的次数多少来分等级的。②

汉代是我国酿酒工艺的突破时期，一方面表现在造曲技术的发展、酒类品种的增多，另一方面还表现在成酒度数（酒精含量）的提高。有研究认为，东汉酿酒度数明显提高，在于所谓"九酝酒法"的实施，③ 即在酿造过程中采取连续投料、分批追加原料，来保持一定浓度的糖分，造成酵母菌充分发酵的有利条件，使酿成的酒更为醇厚。汉人酒量一般者，以"斗"为计量单位，"田家作苦，岁时伏腊，亨羊鱼羔，斗酒自劳"④，看上去汉人比今人酒量大得多。汉代的容量计量单位进制为：10合为1升、10升为1斗、10斗为1斛，汉代的计量单位其量值折合现代容积法定计量单位：1升约为200毫升、1斛约为20公斤。⑤ 汉代计量单位量值，按今天来看，是严重"缩水"的。但一斗酒仍对应有几斤的量，其最本质原因还是汉代以"九酝酒法"为代表的液态发酵酒，尽管成酒度数提高了，但因其未经过蒸馏，故而度数不会太高。因为乙醇可以使蛋白质失活，酒精度超过15度的时候，酵母就会被杀死，故而酿造酒通常不会超过20度，这才是古人看起来"海量"的本质原因。

饼曲的贮存性和运输性促进了曲本身的商品化和专业化，⑥ 汉代酒曲本身的商品化和专业化，更加促进了酿酒业的发展。《东观汉记》中"顺帝诏禁民无得沽卖酒曲"，表明当时酒曲的商品化，已经发展到当时统治者必须以法律加以取缔，或者更准确地说是从中取利的程度。

---

① 陈久恒、叶小燕：《洛阳西郊汉墓发掘报告》，《考古学报》1963 年第 2 期。
② 黄展岳：《汉代人的饮食生活》，《农业考古》1982 年第 2 期。
③ 余华青、张廷皓：《汉代酿酒业探讨》，《历史研究》1980 年第 5 期。
④ （汉）班固：《汉书·杨敞传附子恽》卷 66，中华书局 1962 年版，第 2896 页。
⑤ 陈天声、陈瑾：《汉代度量衡计量单位量值之厘定》，《中国计量》2021 年第 2 期。
⑥ 包启安：《汉代的酿酒及其技术》，《中国酿造》1991 年第 2 期。

醋的制作与酒密不可分，酒放置日久，氧化而变成醋。所以古人又称醋为酢酒、淳酢、酢浆、苦酒等。苦酒作为醋名当在东汉、魏晋时期。① 我国是世界上用谷物酿醋最早的国家，早在公元前 8 世纪就已有关于醋的文字记载。春秋战国时期，已有专门酿醋的作坊。到汉代时，醋开始普遍生产。南北朝时，食醋的产量和销量都已很大，其时的名著《齐民要术》，就系统地总结了我国劳动人民的制醋经验和成就。书中共记载了 22 种制醋方法，这也是我国现存史料中对粮食酿造醋的最早记载。东汉医学家张仲景的《伤寒论》《金匮要略》、贾思勰的《齐民要术·作酢法》、葛洪的《肘后方》中，都有用苦酒疗疾治病的记载。医多以米醋入药，米醋的制法乃"三伏时，用仓米一斗，淘净，蒸饭，摊冷，盫黄，晒簸，水淋净。别以仓米二斗蒸饭，和匀入瓮，以水淹过，密封暖处，三七日成矣"。酿造的酒、醋，成为巫、医治病的主要用品之一。

汉代的酒多以谷物为原料进行酿造。汉代出现了诸如稻酒、黍酒、秫酒、稗米酒等以粮食命名的酒，② 河北满城汉墓出土的部分陶缸上，有墨书"稻酒十一石""黍上尊酒十五石"等字样，③ 即是当时酿酒依赖于农作物的写照。汉代农作物包括粟、黍、麦、稻、菽④：粟俗称小米或谷子；糜和稷被称为黍；麦是汉代食用最普遍的食物，有大麦、小麦、春麦、青稞等种类；稻又分为籼稻、粳稻、糯稻，主要种植于江南地区；菽为豆类总称，品种包括大豆、小豆、胡豆等。多种农作物的种植为酿酒提供了可选择的原料来源。同时，汉代大量铁质农具、工具的出现，汉代牛耕与铁质工具结合的劳作方式的普遍使用，当时统治者重视农业、兴修水利的举措，几方面的综合作用，无疑推动和加速了农业的迅猛发

---

① 倪莉：《关于"醯"、"酢"、"醋"、"苦酒"的考译》，《中国酿造》1996 年第 3 期。
② 贾俊侠：《汉代长安的酒业和饮酒风向》，《长安大学学报》（社会科学版）2011 年第 4 期。
③ 中国社会科学院考古研究所编：《满城汉墓》，文物出版社 1978 年版，第 41 页。
④ 林剑民：《秦汉社会文明》，西北大学出版社 1985 年版，第 200—201 页。

展，使得汉代农田开垦的面积大大增加，粮食产量大大提高。据《史记》记载，汉文帝时期，"太仓之粟陈陈相因，充溢露积于外，至腐败不可食"①，发达的农业和粮食的剩余，为酿酒业的发展，提供了充分的物质基础，加上当时商品经济的发展、冶铁、炼铜等手工业技术的进步，汉代社会经济繁荣，人民生活水平提高，饮酒行为在日常生活中也变得更加普遍。

汉代政府一直实行禁酒政策，禁止无故群饮的行为。汉初年，接秦之弊，百废待兴，统治者实行禁酒政策——"三人以上无故群饮酒，罚金四两"，禁止聚众饮酒，违者罚金以示警诫。唯有帝王广布恩泽时，方许饮酒，文帝即位"其赦天下，赐民爵一级，女子百户牛酒，酺五日"②，赐男子爵一级，女子每百户牛肉和酒汉，允许天下宴饮五天。武帝天汉三年（前98年），国家颁布实施"初榷酒酤"③制度，榷酒，就是政府严格限制民间私酿自卖酒类，由政府独专其利。它是作为增加国库收入的一项较为稳定的经济政策。武帝的榷酒制度共施行了24年。汉昭帝即位六年（前75年）时"诏郡国举贤良文学之士，问以民间疾苦，教化之要，皆对愿罢盐、铁、酒、均输官，毋与天下争利，视以俭节，然后教化可兴……乃与丞相千秋共奏罢酒酤"④。记载了贤良文学之士以榷酒乃是与民争利的手段为由，上书昭帝取消榷酒，让农民自由酿酒。

汉代酒政的发展经历了禁酒、榷酒、税酒三个阶段，三者既有联系又有区别地相互交织在一起。随着酿造技术的提高，酒的种类不断增加。酒价与酒税的变化，与酒政的变化和粮食产量成正相关性。⑤汉代酒肆一般是小手工商业者以家庭为单位，进行生产与经营的作坊制，政府设

---

① （西汉）司马迁著，夏华等编译：《史记上·平准书》，万卷出版公司2016年版，第160页。
② （西汉）司马迁著，夏华等编译：《史记上·孝文本纪》，万卷出版公司2016年版，第81页。
③ （东汉）班固：《汉书》（第一卷），线装书局2010年版，第63页。
④ （东汉）班固：《汉书》（第一卷），线装书局2010年版，第395页。
⑤ 薛雪：《汉代的酒政、酒业与酒俗》，硕士学位论文，南昌大学，2013年。

置官员对酒类市场进行统一管理。汉代虽然一直禁酒，但是尚饮之风逐渐兴起，并成为不可逆转之势。上自皇室贵族、下至黎民百姓，皆好饮酒。婚丧嫁娶、祭祀等重大节日也都离不开酒，正所谓"百礼之会，无酒不行"[1]，无酒不待客，不开宴。

汉代的酿酒发酵技术较先秦有了巨大的进步，出现了酒饼，酒的度数和产量也进一步提升，但是提取酒液的方法仍然沿用古老的过滤法（图5-7），用布袋自然过滤后再借助手或工具挤压，而这种方法得到的酒度数较低，度数低的酒容易酸败、变质，故成酒的保存期限一般不长。[2]

图5-7　嘉祥县汉代画像石上滤酒情景[3]

①　（东汉）班固：《汉书》（第一卷），线装书局2010年版，第396页。
②　罗志腾：《中国古代人民对酿酒发酵化学的贡献》，《中山大学学报》（自然科学版）1980年第1期。
③　包启安：《大汶口文化遗存与酿酒》，《中国酿造》2008年第5期。

  分别出土于张家堡新莽墓葬和海昏侯刘贺墓的两件设计精巧的铜质蒸馏器非一般贵族所能拥有，前者的墓主人身份虽未知，但与出土蒸馏器同墓葬，还出土有五件铜鼎和四件陶鼎组成的"九鼎"，据《周礼》记载，西周时天子用九鼎，诸侯用七鼎，卿大夫用五鼎，士用三鼎或一鼎。M115的墓主追随周代礼制，使用九鼎随葬，凸现出墓主特殊的身份地位，基本确定为列侯的墓葬。海昏侯刘贺，史载其先为帝，后为侯，是西汉历史上在位最早的皇帝，只是他在位不到一个月的时间。历史记载和墓葬中奢侈的随葬品，都印证了其当时的奢侈生活。海昏侯墓葬中出土了大量漆碗、漆耳杯、漆卮、漆尊、铜缶、铜壶、铜鋞等酒器，其中漆耳杯600多件，铜鋞10余件，更是充分显示了墓主人生前对酒的喜爱。很有可能是墓主人生前对酒或者蒸馏提取的其他成分，有着特殊的嗜好或需求，才造就了这两件蒸馏器。只有这个阶层有需求，又有财力和时间，才去寻找能工巧匠打造出能够提高酒品质的蒸馏装置。

  酒精发酵是在无氧条件下，利用酵母菌或其他微生物，将葡萄糖或果糖加以分解，产生酒精和二氧化碳等代谢产物，并释放少量能量的过程；酿造是利用酒曲将原料发酵成酒精，发酵完成后还需要熟成数周，以形成独特的色泽和风味；蒸馏酒是将酿造而成的含酒精的溶液进行蒸馏，利用酒精的沸点（78.5℃）和水的沸点（100℃）不同，从中收集到高浓度的酒精和芳香成分。

  酒的品质也关乎身份，地位越高，一般所享用的酒就会越好，地位优越的贵族，对酒的品质有更高的追求。提高酒的品质和口感的路径，一来选择冰窖冷藏，无疑是延长酒的保质期的良方。二来通过提高酒的度数，改善酒品质来延长存放时间。蒸馏器则成为实现这种愿望的最佳载体，蒸馏器不仅能够有效提取酒液，改善酿造酒口感，且蒸馏酒酒精度高，不易氧化，也不易滋生细菌。发酵酿造经验的累积，对酒品质以及口感认识和需求的提高，对蒸馏器的出现起到促进作用。

三　抽砂炼汞对蒸馏的认识

在日常生活中尤其在蒸煮器如甑的使用过程中，古人累积了对蒸汽冷凝现象的认识，蒸汽冷凝的更深刻的认识应该还有来自丹砂的冶炼。

古人认为世上存在着可治一切病的良药，炼丹术的根本目的就是希望能够制造出使人长生的丹药。服药就是把药的性质，转移到人身上，要使人长生不死，药本身就要有"不死"的性质。葛洪《抱朴子·内篇》金丹篇中"金丹之为物，烧之愈久，变化愈妙，黄金入火百炼不消，埋之毕天不朽；服此二药，炼入人体，故能令人不老不死。此盖假求于外物以自固"，即是对这种观念的体现。葛洪的神仙思想，在当时社会，无疑是一种生存的理想，一些性质比较稳定的矿物，诸如黄金和由水银等物炼成的金丹，显然就成为首选。我国古代炼丹过程中使用的装置和工艺，也成为我们最初的化学认知。

单质汞在自然界是存在的，但其本质是丹砂矿被空气氧化生成的，这个过程极其缓慢，加上水银比重大、可流动且容易渗入地下，因此天然汞的获得，是极为有限的。战国—汉代时期社会中广泛使用的水银，显然不是天然水银，而是通过人为升炼丹砂而获得的，传世文献也印证了由丹砂炼汞的事实，如西汉《淮南万毕术》有"丹沙为预倾（汞）"的记载，西晋张华《博物志》卷四说"烧丹朱成水银"，东晋葛洪《抱朴子内篇·金丹》说"丹砂烧之成水银"。

古代炼制水银，最早用的是低温焙烧方法，此方法属于敞开操作，水银挥发量大，回收率低。狐刚子在其《五金粉图诀》中，最早记载了炼制水银从低温焙烧法发展为密闭抽汞法炼汞。狐刚子是东汉末年炼丹术的杰出代表，其著述反映了汉末我国炼丹术所达到的高度。[①] 尽管其

---

① 赵匡华：《狐刚子对中国古代化学的卓越贡献》，见《中国古代化学史研究》，北京大学出版社 1985 年版，第 185—188 页。

炼丹论著未能完整保留下来，但一些重要佚文还是被后世的炼丹著作大量引用。赵匡华将密闭抽砂炼汞方法的演进进行了归纳[1]：抽砂炼汞先后经历了下火上凝、上火下凝、初始蒸馏法。

狐刚子把水银分为雄汞、雌汞和神飞汞，认为它们只是升炼时，由于添加配料不同而形成的，但炼制过程用的都是下火上凝方法。《黄帝九鼎神丹经诀》对雄汞长生法描述如下：

> 取朱砂十斤，酥一合，作铁釜，圆一尺，深寸半，平满，勿令高下不等，错使之平，以为釜宠，亦令平正，然后取青瓷，口与釜口相当者四枚，以酥涂釜，安朱砂于中。其朱梼筛令于釜中薄而使酥气（缺字），然后以瓮合之，以羊毛稀泥泥际口，勿令泄气。先燃腐草，可经食顷。乃以软木材燃之。……放火之后，不得在旁打地、大行、顿足，汞下入火矣。[2]

这种下火上凝的炼制，要求炼炉的上下釜套合，形成密闭空间，下釜作为反应器，里面放置丹砂，丹砂受热分解出水银，汞蒸汽冷凝后变成汞液滴，附着在上釜壁上，上釜因没有专门接收冷凝液的装置，故需要不断开釜扫取，否则凝结的汞滴很容易滴落至下釜中。很显然，想回收率高，就需要不停地开釜扫取，而频繁开釜的同时，又会带来汞的挥发流失，影响其回收（暂且不论对操作人员的危害）。对此问题的解决，古人选择预备了多件上釜（类似标准件）进行快速替换，减少汞流失。这种方法挽救了回收率，但操作较为烦琐，且劳动量大。文中记载的"不得在旁打地、大行、顿足"，表明些微的动静，就会造成汞滴从上釜壁坠落到下釜，环境及细微的人为因素波动，就会严重影响汞液的回收。要保证炼制得汞的回收率，对炼丹环境和炼丹者有着苛刻的要求，如此明

---

① 郭宜正：《明〈墨娥小录〉一书中的化学知识》，《中国古代化学史研究》，北京大学出版社 1985 年版，第 524 页。

② 赵匡华：《我国古代抽砂炼汞的演进以及化学成就》，《自然科学史研究》1984 年第 1 期。

显的弊端和操作的烦琐，使得古人在炼丹实践中很自然地要考虑：如何避免汞滴向下釜坠落？解决途径很明显指向两方向。途径一：下釜与上釜位置互换，让反应釜在上，反应生成汞滴，靠重力直接沉积到下釜中（液滴附着的釜）；途径二：不想开釜取汞，就想办法把冷凝的液态汞从釜中导引出来。对此问题的解决思路直接促使炼制方法和技术的改进。

上火下凝法应该就是对上述思想和路径的践行。古代上火下凝方法中先后出现了几种具体的操作方法：（1）竹筒式，（2）石榴罐式，（3）未济式。其中方法（1）和方法（2）就是对上述途径一的践行（图5-8，图5-9）。改上釜为反应釜，下釜为冷凝釜，上釜中丹砂原料受热产生汞蒸汽，冷凝后在重力作用下，自然往下滴落，坠至下釜底部，反应结束后再开釜，中间无需开釜扫取汞液滴。方法（3）未济式，是对上述途径二的践行（图5-10），加流管将汞滴从釜中导引出来。上火下凝取代下火上凝方法，克服了后者明显存在的弊端，而选择上述两种途径又是显而易见的直观、线性的思维结果。未济式可能出现较晚，[1] 对未济炉和用未济炉进行抽砂炼汞的记载多出现在宋或宋以后文献中。

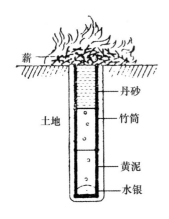

图5-8　竹筒炼汞示意图

图5-9　石榴罐炼汞示意图

1. 辰砂　2. 红铜珠　3. 瓷片　4. 醋　5. 水银

6. 土地

---

① 赵匡华：《我国古代抽砂炼汞的演进以及化学成就》，《自然科学史研究》1984年第1期。

图 5 - 10　未济炉

下火上凝的弊端明显，解决出路容易想到，使得我们推测，上火下凝方法中的竹筒式和石榴罐式出现时间，与下火上凝的间隔不会太长，甚至可能同时期存在。

将上火下凝中的前两种方法竹筒式、石榴罐式与汉代蒸馏器比对，可以看到：从下火上凝到上火下凝，装置均为密闭体系，但热源从底部变为上部，冷凝介质从空气转为竹、黏土、含矿物质的醋等。竹筒式和石榴罐式中冷凝液的接收，属于内承法；汉代出现的蒸馏器，热源来自底部，冷凝介质有空气与冷水两种，冷凝液的接收均为外承法。此外，抽砂炼汞蒸馏设备，用到陶、铁材质，汉代蒸馏器的材质，选用青铜而非铁。我们知道，汞能够和很多金属单质化合生成汞齐，金属铁是不与水银反应的有限金属之一，故是极佳的炼汞容器（铁釜）。铁可以制成容器，但生铁性质使其对更精细、复杂的结构，显然不适合。竹筒式和石榴罐式抽砂炼汞装置，与汉代蒸馏器所用材质的区别，表明当时不仅对水银性质已有充分认识，而且青铜材质更能适合蒸馏器制作的精细要求。这种精细在青铜蒸馏器的冷凝体系的细节设置上凸显分明：在上分体底部位置，铸出一定弧度的一圈凹槽，使得汽态组分冷凝后，汇入凹槽，沿流口流出，从而大大提高了冷凝连续性和收集效率。

尽管竹筒式和石榴罐式上火下釜设置，和汉代蒸馏器的外承法一样，能保证反应的连续与完整，但显然后者的设计和制作更为考究，与丹房设施多固定位置不同，后者体现的是生活用具，能够随便移动的青铜蒸馏器，火源自下是其方便使用的保证。汉代蒸馏器在完善蒸馏目的设计上更进了一步。

古人不仅仅在抽砂炼汞实践中积累了蒸馏、冷凝的经验，其他的丹房实践，对此也有涉及。狐刚子"炼石胆取精华法"描述到：

> 以土（砖坯）垒作两方头炉，相去二尺，各表里精泥其间，旁开一孔，亦泥表里，使精薰，使干。一炉中着铜盘，使定，即密泥之；一炉中以炭烧石胆使作烟，以物扇之，其精华尽入铜盘，炉中却火待冷，开去任用。入万药，药皆神。[1]

这段描述就是今天从胆矾（五水硫酸铜）中提取硫酸的干馏方法。"烧石胆使作烟"是反应的第一步，指无水硫酸铜分解后，释放出水蒸汽，并与三氧化硫形成烟雾；第二步"以物扇之"即是将白烟扇入到另一炉中，凝结在铜盘上，这是一冷凝过程，水蒸汽与三氧化硫形成的烟雾液化结合，生成硫酸。用铜做盘，是考虑到铜和稀硫酸不作用的化学属性。

尽管干馏与蒸馏原理不同，前者是化学反应，后者属于物理作用，但上述将气体通过导管引出并用铜盘接收，实际和蒸馏中气体冷凝过程是一致的。说明当时用外承法来接收气体冷凝液，不是困难之事。现代化学知识告诉我们，硫酸能与多种物质发生化学反应，"入万药，药皆

---

① 赵匡华：《狐刚子对中国古代化学的卓越贡献》，见《中国古代化学史研究》，北京大学出版社 1985 年版，第 199—200 页。

神"。古人对硫酸性质的认识，是需要长时间经验的丰富累积后，才能总结出来的，反过来这也说明文献记载烧石胆干馏的方法的时间，已经是此法有了相当时间的累积后，才做出的记录。这种制取硫酸的方法和装置，出现的时间要提前许多，其中包含冷凝的思想和对冷凝液的接收设计，出现的时间更要远早于成书的时代。

对古代的工艺技术，文献记载的滞后是一种普遍现象。比如"金汞齐"的记载，最初见于东汉炼丹家魏伯阳的《周易参同契》。而关于以汞齐为原料的鎏金工艺的详细记载，要推至明代方以智的《物理小识》。但大量出土文物的检测分析表明，春秋战国时期已有用汞齐鎏金的技术，文献的记载落后于实物约八个世纪。汞单质的冶炼，无疑应该比汞齐的制取和使用时间更早。尽管上述狐刚子关于抽砂炼汞技术中上火下凝方法以及"炼石胆取精华法"记载的时间在东汉甚至更晚，但有理由肯定：远在这之前就已经有了相关丰富的实践。

汉代炼汞技术成熟，上火下凝方法应该已经成熟，并且能够借助介质提高冷凝效率。上火下凝方法中已经完全具备现代蒸馏思想。古代炼丹术士，其本质也是为贵族阶层服务的，甚至有的贵族本人也是炼丹亲历之人。抽砂炼汞的实践，对蒸馏、冷凝、接收等有了充分认识和积累，为汉代蒸馏器的出现提供了启示和技术参考。

四 社会需求是蒸馏器和蒸馏技术出现原动力

上文分析抽砂炼汞中的竹筒式、石榴罐式、未济式设备（后文探讨），本质都有应用到蒸馏原理和技术。换言之，古代冶炼水银用到的上火下凝方法，就是蒸馏原理和蒸馏技术的应用。

自然界存在天然水银，我国古代文献中就有关于天然水银的记载。梁代陶弘景在《名医别录》中提到："水银……久服神仙，不死。一名汞，生符（涪）陵平土，出于丹砂。"南宋范成大在《桂海虞衡志》中记载："邕州丹砂盛处，椎凿有水银自然流出。"① 南宋周去非在《岭外代答》中对天然水银有详细的记载："邕州右江溪峒，归德州大秀墟，有一丹穴，真汞出焉。穴中有一石壁，人先凿窍，方二三寸许，以一药涂之，有顷，真汞自然滴出，每取不过半两许。"现代地质科学证明，天然水银是确实存在的。现在我国贵州万山、丹寨以及云南等地丹砂矿区都有天然水银的发现，一般形成单独的小珠，但有时也结成大团。天然水银是丹砂被空气慢慢氧化生成的，因此生成很慢，产量小，而且有流动性，比重大，易沿石缝渗入地下，所以天然水银是不可能大量取得的。

水银的出现与应用，是中国古代特有的现象。春秋时期已经开始使用水银，到西汉时代，水银已经作为重要的物质，运用到诸多领域了。根据文献记载，一些帝王的墓葬中多灌有水银。唐代李泰的《括地志》曾说："齐桓公墓在临淄县南二十一里牛山上，晋永嘉人发之，初得版，次得水银池。"② 东汉赵晔在《吴越春秋》中曾提到春秋时吴王"阖庐死，葬于国西北，名虎丘，……冢池四周，水深丈余；椁三重，倾水银为池，池广六十步"③。司马迁在《史记·秦始皇本纪》中记载："葬始皇郦山。始皇初即位，穿治郦山……以水银为百川江河大海，机相灌输，上具天文，下具地理。"《汉书》中也有类似的文字。然而，陵墓中究竟是否有水银，始终没有确定的答案，现代科技的发展为回答这一疑问提供了条件。地质学家常勇、李同先生先后对秦始皇陵采样，经过反复测试，发现始皇陵封土的土壤样品中出现"汞异常"现象，其他探方的土壤样品则几乎没有汞含量。④ 由此得出初步结论：《史记》中关于始皇陵中埋藏大量汞的记载，是可靠的。至于地宫为何要埋入大量水银？北魏

① 朱晟：《我国人民用水银的历史》，《化学通报》，科学出版社1957年版，第64页。
② （清）王谟：《汉唐地理书钞》，中华书局1961年影印版，第248页。
③ （唐）欧阳询：《艺文类聚》，中华书局1965年版，第141页。
④ 常勇、李同：《秦始皇1653陵中埋藏汞的初步研究》，《考古》1983年第7期。

学者郦道元的解释是"以水银为江河大海，在于以水银为四渎、百川、五岳九州，具地理之势"。指出以水银象征山川地理，与"上具天文"相对应。

除了帝王墓葬所用，水银还应用于古代金属工艺上，如铜器的鎏金。鎏金术是我国先秦时期金属工艺中的一项重大发明创造。鎏金也称汞镀金，汉代称为"金涂"或"黄涂"。所谓金涂法，即将金和水银（汞）合成金汞齐，涂在铜（银）器表面，然后加热使水银蒸发，金就附着在器物表面。水银是鎏金过程中不可或缺的原料，汞齐制备时，金和汞的比例（质量比）通常要求在 1∶7 左右，才能保证金丝快速溶解于水银，并形成膏状合金。好的鎏金工艺，往往需要抹金、开金、找色等步骤的多次重复，才能达到鎏金层的结构致密和均匀。① 表面鎏银工艺与鎏金工艺基本相同，只是银汞齐的制作中，水银用量更大，熔化银丝的水银，要比熔金时增加一倍，才能将银杀成银泥（银汞齐）。极为有限的天然水银，显然不能满足如此大量的需求。

考古发掘出土的大量春秋战国时期的鎏金器物。一些典型墓葬如山西长治县分水岭战国墓出土的鎏金车马饰、河南信阳长台关楚墓出土的鎏金带钩②、浙江、安徽、湖南、湖北等地陆续出土的大批鎏金铜器等。被称为鎏金器代表的，当推河北满城西汉中山靖王刘胜妻窦绾墓中出土的"长信宫灯"，因其造型独特和其鎏金工艺精湛而闻名。上述器物经光谱定性分析和电子探针鉴定，证明都是鎏金铜器。③ 战国、汉代青铜鎏金技术已发展到很高的水平，出土鎏金器物的地域较广、数量多，且不再局限于小件器物。一些高等级贵族墓葬都出土了数量众多的鎏金器。

鎏金工艺离不开金汞齐，有关金汞齐的文献记载，最初见于东汉炼

---

① 吴坤仪：《鎏金》，《中国科技史料》1982 年第 1 期；王海文：《鎏金工艺考》，《故宫博物院院刊》1984 年第 2 期。

② 贺官保、黄士斌：《信阳长台关第 2 号楚墓的发掘》，《考古》1958 年第 11 期。

③ 北京钢铁学院冶金史组：《鎏金》，《中国科技史料》，中国科学技术出版社 1981 年版，第 90 页。

丹家魏伯阳的《周易参同契》："偃月作鼎炉，白虎为熬枢，汞日为流珠，青龙与之俱。……胡粉投火中，色坏还为铅；冰雪得温汤，解释成太玄；金以砂为主，秉和于水银。"晋代葛洪的《抱朴子》："上黄金十二两，水银十二两。取金鑪作屑，投水银中令和合。恐鑪屑难煅铁质，煅金成薄如绢，铰刀剪之，令如韭菜许，以投水银中。此是世间以涂杖法。金得水银须臾皆化为泥，其金白，不复黄也。""杖子"一词在我国炼丹术中常用作赤铜的隐语。由此可知，鎏金术在古代称作"涂杖法"。汉代青铜器铭文中"金涂""黄涂"则是对鎏金工序或工艺的称谓。关于鎏金工艺的记载更要晚一些。

除了上述用途，水银还可以用于外科医药和炼丹术中。1973 年长沙马王堆汉墓出土的帛书中有《五十二病方》，是目前发现的我国最古老的医方，其中有四个医方就用到了水银。这些医方又为后世《神农本草经》《千金要方》等所继承。战国或秦汉之际，寻求神仙不死药风兴起，水银被方士们看中和利用，认为其具有"升天腾虚，长生久视"的功效，这越发促进了抽砂炼汞的发展。

战国、秦汉时期，水银已应用于社会生活很多方面。我们有理由推测，中国人工冶炼汞技术在秦代以前就应该出现，且具有一定产量与规模。一定的生产规模和效率，需要有与之匹配的方法与设备。低温氧化焙烧法炼汞，显然不能胜任，结合上文对汞冶炼技术的分析，我们认为下火上凝法和上火下凝法已经成为当时社会成熟和普遍的炼制水银方法。

汞的冶炼离不开蒸馏，社会生活实践活动也会对蒸馏有所认识，如铜甗类蒸煮的过程中注意到，在系统保持封闭状态下，要想使形成的冷凝液随时生成、随时流走，需要从内承法向外承法转化，才能保证液体接收的连续和高效。而这一目标的实现，离不开流口与凹槽的设计，凹槽使得冷凝的液滴有地方汇集，流口使得汇集的液滴有出处（外部容器接收）。对于上下釜的套合装置，流设在上釜和下釜用途是不一样的，春秋战国出现有下釜设流的铜甗。① 下釜上的短管称之为流，实际仅是注水、倾倒水之用。汉代出现上釜设流的套合器，其流口都是向下，重力作用下釜内液体会直接流出。尽管表面看，仅仅是流的位置发生改变，本质上，流的位置不同，决定了器物的功用是不同的。汉代出现上釜设流的套合器，形似甗，却不是甗的功用，预示着与冷凝液接收有关，是冷凝液流出的通道。

考虑到套合器是可以变通的，上部可以是圆形的甑或釜，也可以是筒状器，如张家堡墓和海昏侯墓出土青铜蒸馏器。这些器物结构有以下共性：器物分体套合，上分体有流口，内部都有与流口相连的凹槽（集液槽）。张家堡和海昏侯墓葬级别高，对应的蒸馏器设计也更精细化，如海昏侯蒸馏器中的筒状器，不仅有冷凝液的流口，还有冷却水的出流口，与上面注水口形成循环体系，以保证筒状器中水温恒定在一定水平，确保冷凝效果。

从春秋时期下釜设流的铜甗，到汉代出现上釜设流的套合器，它们功用不同，后者应该是适应某种需求、某种契机应运而生的。我们推测应是当时贵族阶层对某些蒸馏冷凝成分的需求，而这种需求，靠仅能用内承法的分体甗是无法实现和满足的。

春秋时期，除了块炼铁技术，古人已掌握了生铁冶炼的先进技术。铁质农具的发达直接带来了农业革命，带来粮食产量的大幅度增长。生产条件改善，使得耕作技术由粗放转向精耕细作，私田增加，井田制崩溃，土地关系向私有化发展。诸侯们不得不陆续实行改革，承认土地私有，允许土地买卖，而向土地所有者征收田税，自耕农的生产积极性高涨。牛耕技术与大量铁质工具、农具的配合使用，极大地提高了农业生产力，使大规模开垦荒地成为可能，促进了私田的发展。春秋中期以后，

---

① 镇江市博物馆：《江苏丹徒出土东周铜器》，《考古》1981 年第 5 期；王立仕：《淮阴高庄战国墓》，《考古学报》1988 年第 4 期。

各诸侯国已经大量使用货币。金属货币的流通，越发促进了手工业、商业的发展。

战国时，铁制农具、工具占据生产、生活主流：砍伐树木、兴修水利、开垦荒地和深耕细作反过来更加促进了农业生产的发展。在深耕除草的同时，农民们注意识别土壤性质，因地制宜地选择不同的作物进行种植。施肥技术提高，懂得用肥汁拌种，粪肥、绿肥和草木灰被普遍施用。开始注意选择籽种，防治虫病，实行畦种法，播种疏密得宜，便于通风排涝，善于培根、除草、间苗和掌握农时季节。普遍推广一年两熟制，大大提高了单位面积的年产量。据战国时期在魏国实施变法的李悝估计：一亩地（约当今1/3亩）在平常年景，可以产粟一石半（约合今41公斤），大、中、小丰收时可以达到六石、四石半、三石；小、中、大歉收时则只能打一石、七斗、三斗。农民平均每人每月需口粮一石半，五口之家，一年食用九十石。平常年景一家种地百亩，所产粮食就够全家一年半食用。

战国的手工业，有作为农业副业的家庭手工业，有独立经营的个体手工业，有豪民经营的大手工业，也有各国政府经营的官营手工业。农业的发展使粮食的富余成为可能，手工业的发展也为粮食的再加工和利用提供了基础。汉代社会经济的发展和人民生活水平的提高，各地区、各民族往来的增多和风俗的融汇，使得医药文化的发展有了更丰厚的土壤。"酒为百药之长"，西汉时京都长安城有九大商市，所谓"九市开场，货别隧分"，其中酒市和牛市、马市等并列为当时的大市。社会交际中，酒更是必不可少的媒介。王莽曾下诏，惩治在盐、酒、铁等人民生活必需品的交易中牟取暴利的商人和官吏，提出"盐，食肴之将；酒，百药之长，嘉会之好；铁，田农之本"，这些关乎人们的日常生活，故对其交易"每一斡设条防禁，犯者罪至死"。《汉书·食货志》中将酒与盐铁并列，犯禁者罪可至死，① 也从侧面印证了酒在当时社会生活中的重要性。

秦汉时期不仅普通酒的品种大大增加，调以香料和草药的酒，也名目繁多。江陵凤凰山 167 号汉墓和马王堆 1 号与 3 号墓葬出土了多种药物，不仅有地道的国产药物如桂枝、桂皮、茅香、花椒、杜衡、藁本、佩兰、良姜、牡蛎、丹砂等品种，还有产自印度（天竺国）的药品苏合香。②

抽砂炼汞设备尽管是炼丹术士掌握，但秦汉时期，贵族阶层追求长生，有的贵族本身也是丹药痴迷和从业者，如四川双包山汉墓，同时出土了仿制丹丸的陶质药丸和制作金粉所用的原料——汞齐等，这些共同出土的考古材料，帮助我们还原和了解了墓主人生前的生活状况与追求。只有不事生产的贵族，才有闲情逸致的条件，痴迷长生使得他们近距离接触丹房设备，从事相关操作，而丹砂、水银又是丹房中最为常见的物质，故而他们对炼丹过程中的蒸发、冷凝、接收等有多于常人的认知也不足为奇，更有可能将其借鉴到炼丹以外其他更广义的养生范围。

汉代社会，粮食富裕、酿造发酵技术普及、抽砂炼汞的蒸馏技术成熟，当原料和技术条件具备，贵族阶层为了更高的生活品质和享乐追求，渴望方便快捷、高效、高产得到某类蒸馏冷凝成分，上釜带流的套合器（最初的蒸馏器）应运而生自然不是难事。

第四节　独立起源的中国古代
蒸馏器与蒸馏技术

蒸馏器的发明是蒸馏酒起源的前提，但蒸馏器的出现并不等同于蒸

① 王振国：《从伤寒论看汉代食俗对中医药的影响》，《中国典籍与文化》1996 年第 3 期。
② 马继兴：《出土亡佚古医籍研究》，中医古籍出版社 2005 年版，第 28 页。

馏酒起源。因为蒸馏器不仅可用来蒸酒，也可用来蒸馏其他物质如香料、水银等。前文探讨了汉代上分体带流的套合器即最初的蒸馏器以及汉代蒸馏器产生的原因，那我国最初的蒸馏器或蒸馏技术是从外传入的，还是本土起源的？

元代忽思慧《饮膳正要》记载："用好酒蒸熬，取露成阿刺吉。"阿刺吉是阿拉伯语 Araq 的音译，故长久以来认为阿拉伯蒸馏器，元朝时曾传入我国。

恩格斯曾指出："古代留传下了欧几里得几何学和托勒密太阳系，阿拉伯人留传下了十进位制、代数学的发端、现代的数字和炼金术；基督教的中世纪什么也没留传下来。"这段话更是高度评价了阿拉伯炼金术的价值。现代蒸馏技术起源于阿拉伯炼金术，认识阿拉伯炼金术需要对西方炼金术的发展有所了解。

一　中国古代炼丹术和阿拉伯炼金术

炼金术在西方的发展，可以追溯到古希腊。古希腊的哲学家们关于自然的物质观，是炼金术理论的萌芽。元素这个词，首先为柏拉图所使用，他认为"万物的嬗递，可以表现为：从一种元素到另一种元素的循环转化"[1]。这种元素转化说为炼金术的发展奠定了理论基础。亚里士多德作为古希腊哲学的集大成者，提出四元素说即火、气、水和土，认为它们是物性的组成且可以转化，这种转变可以自然发生，也可以通过人为来促进。这些观念为后来炼金术士进行金属的嬗变，提供了直接的理论依据。[2] 古代西方炼金术士利用这种思想，想通过改变金属的形态或成分，来实现自己所追求的目的。[3] 按照亚里士多德的思想，贱金属总有一种向贵金属转变的渴望和要求，即使没有人为的干预，这种转变的

---

[1]　[美] 莱斯特：《化学的历史背景》，吴忠译，商务印书馆1982年版，第26页。
[2]　Thompson, *Alchemy and Alchemists*, New York: Dover Publications, Inc., 2002, p.12.
[3]　李宏刚：《管窥古代炼金术对中西社会发展的影响》，《科技信息》2010年第15期。

过程也会自然发生的，只不过比较慢而已，因此人为地加快这种过程是可能的。但是，古希腊的哲学家们大多只注重理论探讨，缺乏实践操作。没有实验的支撑，认识只停留在理论层面上的这种局面，直到希腊化时期才有所改观。

炼金术发展可分为以下几个时期。

（一）希腊化埃及时期（公元3—9世纪）

此时的埃及不是法老统治的埃及，而是一种希腊化的文明。公元前4世纪，亚历山大大帝统一了希腊，又征伐了埃及，从此埃及文化深受希腊文化的影响。希腊文化是多民族文化融合而成的，其中心就在埃及的亚历山大里亚城。

公元1世纪的埃及，工匠们将哲学家们的理论运用于工艺过程中，才真正产生了炼金术，产生了一套将贱金属衍变为贵金属的方法，[①] 譬如让一种金属具有黄色而富有光泽等基本特性，它也就变成了黄金。这些工艺流程，被亚历山大里亚时期的炼金术士记录下来，这即是关于古希腊炼金术的最早工艺记载。[②] 亚历山大里亚时期，炼金术达到第一次高潮。佐西默斯是当时最著名的炼金术士，其大概于公元250年生于埃及，留下了大量的著作。以佐西默斯为代表的亚历山大里亚炼金术，带有浓厚的神秘主义色彩。通过一系列实验步骤，将原先的贱金属经过衍变，成了贵金属，但其与宗教教义和仪式混在一起，将不少真正的化学过程掩盖了。

（二）阿拉伯时期（公元8—15世纪）

公元7世纪中叶，阿拉伯军队征服了东拜占庭，亚历山大里亚城被攻破，埃及被伊斯兰帝国占领。初来乍到的阿拉伯人，开始接触和学习

---

① ［英］丹皮尔：《科学史》，李珩译，商务印书馆1989年版，第97页。

② 杨勇勤：《论文艺复兴时期欧洲炼金术的阿拉伯渊源》，《天津大学学报》2019年第11期；朱诚身、杨吉湍：《古代中西炼金术之比较》，《郑州大学学报》（社会科学版）1990年第1期。

希腊文化，其中也包括希腊化埃及时期的炼金术。

阿拉伯本来就处于东西方贸易的交通要道，帝国建立后的经济繁荣，又促进了阿拉伯商业贸易的频繁交往。阿拉伯的统治者对异族文化的宽容态度，使得东西方科学文化在此融合。有研究表明，在唐、宋期间，成千上万的阿拉伯人来往于中阿两国，其中在中国成家立业和归化中国的，也非常之多，[①] 这越发促进了东西方文化技术的交流。这个时期，阿拉伯融合了希腊化埃及时期的炼金术和中国的炼丹术，从而形成了独具特色的阿拉伯炼金术。

阿拉伯炼金术有三位代表人物。早期代表人物是贾比尔（Jabir ibn Hayyan，721—815），或者称为格伯（Geber）或盖博（Geber），也有观点认为后者是编造的名字，是炼金业从业者在可能招致政治危险的情况下，自我保护使用的假名。[②] 贾比尔是一位穆斯林通才、自然哲学家和炼金术士，其学术思想渊源于亚里士多德的元素学说，他特别重视对硫和汞的研究，提出了凡金属皆能由硫和汞按不同比例而组成的炼金学说。

中国炼丹家认为硫黄属"阳"，水银属"阴"；希腊哲人认为硫黄含有热和干的内质，水银含有冷和湿的内质，所以贾比尔将中国的汞—硫理论和亚里士多德的四元素说相结合，提出了大量新的炼金术理论，[③] 提出硫和水银是构成各种金属甚至各种物质的基本成分。他认为四大要素都是非常具体的、实在的要素，可以从物质实体中游离出来而独立存在；而再把这些要素按比例结合起来，又可形成新物体。他的这些理论广泛流行并得到信奉。贾比尔认为炼金术是"平衡之术"，贱金属通过调整自身硫—汞比量，达到平衡即可衍变为贵金属。其还将中国有关丹

[①] 丁克家：《唐宋时期我国与阿拉伯帝国的贸易往来及文化交流》，《阿拉伯世界》1990年第4期。

[②] ［美］瑞贝卡·佐拉克：《黄金的魔力——一部金子的文化史》，李静莹、乔新刚译，中国友谊出版公司2019年版，第198页。

[③] Lynn Thorndike, *A Historyof Magic and Experimental Science*, New York：Columbia University Press，1934，p. 41.

药的概念引入炼金术中，认为丹药是一类特殊的物质，既可以点化不完善的物质，[①] 还可以治疗任何不健康的物体——金属、矿物、植物、动物乃至人体，使之成为完善健康的物体，人体则可以长寿，丹药成为万应的灵药。借鉴丹药概念，贾比尔认为炼金家的任务是得到纯净的四大要素，再通过结合、添加等，衍变成他们预期得到的产物。所以这些"素"实质上就是追求的"点金药"。炼金过程，甚至可以从精神层面而非实用层面来理解，金属的提纯可以代表灵魂的净化。[②]

将上述理论中的要素游离出来，对应的践行手段就是蒸馏。贾比尔著作中记载有对一大批动物性物料的分解蒸馏。正因为他进行了很多这类试验，注意到这类物质被蒸馏的结果，几乎总是生成气体、易燃物、液体和灰烬，恰与四元素气、火、水、土一一对应，所以贾比尔认为，通过反复连续的蒸馏，就能将各种性质要素即"点金药"分离出来。其著作中记载了大量有价值的化学实验，他所开创的炼金术，摒弃了传统炼金术的神秘主义成分，成为近代化学的先驱。

拉泽（Al Razi，860—933）是阿拉伯另一著名炼丹家。对比贾比尔，拉泽更注重实际操作。尽管对炼金术神秘和隐喻的手法不感兴趣，但拉泽确信，金属是可以相互演变的。其所著的《秘典》（或译作《秘中之秘》）就是一本化学工艺制作、配方的汇总。[③] 其著作对后世欧洲炼金家产生很大影响。《秘中之秘》不仅对物质进行了精细的分类，还详细介绍了炼金家的仪器设备，如坩埚、烧杯、蒸发皿、漏斗、天平等，这些仪器至今仍被化学实验使用。

阿拉伯炼金术后期的代表人物伊本·西纳（Abu Ali ibn Sina，980—1037），是阿拉伯炼金术、医学和哲学的集大成者。他的炼金术基本观

---

① 周嘉华、张黎等：《世界化学史》，吉林教育出版社 1998 年版，第 119 页。

② ［美］瑞贝卡·佐拉克：《黄金的魔力——一部金子的文化史》，李静莹、乔新刚译，中国友谊出版公司 2019 年版，第 200 页。

③ ［美］莱斯特：《化学的历史背景》，吴忠译，商务印书馆 1982 年版，第 46 页。

点为，汞是金属的精灵，硫为金属增加了可变性。最重要的是，他否认金属嬗变的可行性，认为炼金术只能得到贵金属的合金，或者仅仅具有贵金属的颜色。这一看法现在看来无疑是正确的，但在当时他无疑是异教徒，遭受到传统炼金术士的反对。

（三）拉丁欧洲时期（公元 12—15 世纪）

公元 12—15 世纪是西欧封建制度的全盛时期，十字军东征，打开了阿拉伯的大门。因为语言不通，所以当时欧洲掀起了把阿拉伯文翻译成拉丁文（当时欧洲的通用语言）的热潮。虽然希腊化埃及炼金术和阿拉伯炼金术的开端模糊不清，但炼金术进入欧洲的时间很明确，1144 年 2 月 11 日，英格兰人罗伯特（Robert）翻译出版了《论炼金术的组成》，介绍了阿拉伯炼金家贾比尔和拉泽的炼金术思想和方法，向欧洲人传播了关于炼金术的知识和观念、实验的原则和方法。当炼金术被引入欧洲，正是西欧商品经济进一步发展的时候，统治阶级发财敛财的欲望强烈，黄金又是财富的象征，因而炼金术得到了当时统治者的支持。

欧洲炼金术几乎没有理论的创新，欧洲炼金术的代表人物有罗哲·培根（Roger Bacon），他认为汞是金属之父，硫是金属之母，黄金由纯汞和纯硫制成。并将炼金术分为理论和实践两种，前者研究金素成分、起源、变化等，后者则研究金属制备、纯化等。虽然中世纪欧洲的炼金术并无实际的成果，但其实践过程仍是对化学知识和实验方法的累积。我们熟悉的 Chemistry（化学）一词即源于英文中的炼金术一词。

（四）黄金时期（公元 16—17 世纪）

中世纪末，炼金术在欧洲已经发展成熟，炼金术有两大核心目标——金属嬗变和制药。炼金术的思想影响到越来越多的思想家和实践家，甚至包括最伟大的物理学家艾萨克·牛顿（Isaac Newton，1643—1727）。这个时期的炼金术和化学仍难以分开。

14—16 世纪，一场席卷欧洲的思想变革——文艺复兴，深刻地影响了炼金术的发展。文艺复兴时期，人们追求科学的热情和不断探索的精神，也反映在炼金术中。人们对研究蒸馏术和提取药物的兴趣经久不衰，希罗尼姆·布伦契威格（Hieronymus Bounschwygk，1450—1513），于 1500 年在斯特拉斯堡出版发表《蒸馏术简明手册》（Kleines Destillierbuch），这是一本有关医药化学、炼金和蒸馏设备及技术的实用手册。其中大篇幅地介绍了草药的蒸馏，以及如何使用蒸馏物治疗外科疾病；用于木炭加工的蒸馏技术，甚至分馏出不同分子量的焦油馏分，手册中还详细记载了蒸馏的装置及蒸馏方法。[①]

瑞士的帕拉塞尔苏斯（Paracelsus，1493—1541），将医学和炼金术结合成为一门学科。帕拉塞尔斯给炼金术下的定义是：把天然的原料转变成对人类有益的成品的科学，特别是用于医疗事业。帕拉塞尔斯提出：人体本质上是一个化学系统的学说。这个化学系统由炼金士的两种元素即汞和硫，加上他自己添加的第三种元素——盐，共同组成。在帕拉塞尔苏斯看来，疾病可能是由于元素之间的不平衡引起，并指出平衡的恢复，可以用矿物的药物而不用有机药物。从前人们主要用植物作药，其用无机矿物质治病是一创举。为了制药，帕拉塞尔苏斯系统考察了许多金属的化学反应过程，并总结了标准反应的一般特征，这在化学发展史上具有重要的意义。

ALembic（蒸馏器）这个名词来源于希腊语 ambix，后由阿拉伯人重新创造。欧洲人用蒸馏方法得到在化学和医学上广泛使用的酒精 alcohol。

（五）衰落与复兴时期（公元 18 世纪至今）

炼金术在 17 世纪很盛行，但到了 18 世纪 20 年代突然就衰落了。当时的物理学已经能证明：金属嬗变是不可能实现的，炼金术彻头彻尾是一场骗局，已经成为人类愚昧的典例。炼金术和化学之间的界限也逐渐清晰，炼金术也被从科学中驱逐，取而代之的是现代化学。

将中国炼丹术与阿拉伯炼金术的内容进行比较，它们有着相似之处：

---

① 徐建中、马海云：《化学简史》，科学出版社 2019 年版，第 47—55 页。

如前者"点石成金""点铁成金"的"神丹"与阿拉伯炼金术中的"哲人石",都认可金属可以互相"转化"的理念等。不同之处在于后者把古希腊的物质组成学说加上去,用以解释"转化"的机理,使用了一系列化学研究的方法,且设计、创制了许多化学研究的仪器。后者对无机物的分类,成为后世西方世界许多理论体系的基础。对后来近代化学的产生和发展起了非常重要的作用。

中国炼丹术与阿拉伯炼金术,二者在产生的时间、背景、目的、设备材质上都有着不同。

相比出现在公元4世纪的埃及炼金术、公元7世纪的阿拉伯炼金术,公元前3世纪就已有的中国炼丹术,产生的时间明显要早得多;中国炼丹术在唐代(618—907)达到顶峰,宋代(960—1079)开始衰落。阿拉伯炼金术于公元10世纪达到巅峰,西欧炼金术在公元13世纪达到高峰。15世纪后欧洲社会复兴,炼金术走向广义炼金术——医药化学和冶金化学发展,后来发展成为近代化学。[1]

前文介绍了阿拉伯炼金术的产生背景,中国炼丹术和阿拉伯炼金术的产生背景、目的不同。中国的炼丹术,源自远古时期人们对长生不死的向往。东周时期,方术盛行,一些方士认为只有金石之类的不朽之物,方能成就人的不死之身,用金石炼丹由此肇始。东汉末年随着道教的产生,炼丹术与道教追求长生不老的修炼实践相结合,日趋兴盛。中国的炼丹家大都兼修医药,炼丹的目的是为了永生。阿拉伯炼金术的特点是炼金而非炼丹,尽管阿拉伯炼金术有受到中国炼丹术的影响,但仍是为炼金服务。据记载,公元4世纪初,统治者罗马皇帝下令烧毁埃及炼金术士所有书籍,以免炼金术士造出黄金资助反叛者。[2] 这一方面解释了炼

---

[1]　姚强:《在STS视角下中国金丹术与西方炼金术的比较》,硕士学位论文,西北大学,2010年。

[2]　Jack Lindsay, *The Origins of Alchemy in Graceo-Roman Egypt*, New York: Barnes and Noble, 1970, p. 54.

金术文本出现在 300 年前后，另一方面也印证了最初炼金术的目的应该还是求得黄金，求得财富。当炼金术从阿拉伯传到欧洲时，黄金已经是流通货币，统治者为了满足占有金银和拥有财富的欲望，不断驱使炼金术士为他们炼制黄金。这和中国古代炼丹是为了求长生，本质上是不同的。

中国古代炼丹术所用器具，多是金属材质或陶质，而阿拉伯除了使用金属器具外，更多使用玻璃器具，这是中国所没有的。

早在大约公元前 4000 年甚至更早，埃及已经出现施釉工艺，公元前 2500 年，在埃及和美索不达米亚，大约公元前 1500 年，已经有玻璃容器。① 从此玻璃始终是技术和实验科学最主要的材料之一。玻璃器具可以最大化观察、了解反应过程。现存的叙利亚炼丹家所写的炼丹手稿里，就附有玻璃仪器图（图 5-11），阿拉伯炼金术士贾比尔在干馏硝石的时候，发现并制得了硝酸，或和玻璃器皿的发明使用有关。今天实验室这些强酸，同样还是用玻璃瓶盛放。

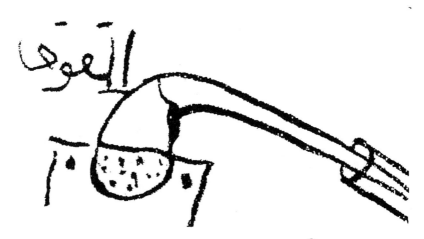

图 5-11　叙利亚文稿本里的曲颈瓶图②

———————————

① ［英］查尔斯·辛格、E. J. 霍姆亚德：《技术史第 II 卷——地中海文明与中世纪》，潜伟译，中国工人出版社 2021 年版，第 311—312 页。

② 袁翰青：《从道藏里的几种书看我国的炼丹术》，《化学通报》1954 年第 7 期。

中国炼丹术和阿拉伯炼金术中关于定量分析的内涵不同。中国古代炼丹术士狐刚子首次对水银提炼率进行了定量研究，提到"好朱一斤，可得十二两"，根据现代化学理论，一斤纯度较高的朱砂，理论上可以提炼出十三两八钱水银，这与狐刚子的描述刚好吻合。阿拉伯炼金家重视对反应前后的物质重量的变化，进行定量分析，包含了对物质的化学变化，进行定量化认识的合理内核，这是更高水平的科学认识方法，[①]明显胜于中国古代单纯计算量的概念。

中国古代炼丹术的发展，始终处于经验技术性阶段，在没有上升至科学理论阶段之前，其内在发展动力就已消亡了。西方炼金术最初的目标是"使贱金属变成贵金属"，正是汲取了不同文明的精华，阿拉伯炼金家才不断丰富了炼金术的理论。炼金术在阿拉伯人那里得到传承并加以发展后，并随着阿拉伯文化潮流的西传流向欧洲。[②] 西方炼金术有幸经历了近代科学技术革命，引入了严格意义上的科学实验方法和思维方式，逐步演化为近代化学。[③]

中国古代金丹术和西方炼金术，二者产生的社会和文化背景不同，虽然发展过程中也发生过交流，如阿拉伯炼金术对中国古代炼丹术的借鉴，但整体来说，东西方仍保持各自的独立性，所以存在差异也是必然的。中国古代炼丹技术和阿拉伯炼金术各自产生背景、目的不同，结果走向也不同。西方的炼金术最终发展成为近代化学，而中国的金丹术转向玄之又玄的内丹术。其原因无外乎几个方面，动因不同：阿拉伯炼金术，更多源于个人兴趣和对未知世界的探索，中国炼丹术是统治阶层招募道士修炼仙丹，是希望能长生不老，从而实现长久的统治和享乐。当"长生不老"的谎言被时间验证，炼丹术也就失去了其存在和发展的基

---

① 李晓岑：《中国金丹术为什么没有取得更大的化学成就——中国金丹书和阿拉伯炼金术的比较》，《自然辩证法通讯》1996 年第 5 期。

② 杨勇勤：《论文艺复兴时期欧洲炼金术的阿拉伯渊源》，《天津大学学报》2019 年第 11 期。

③ 朱诚身、吉瑞：《古代中西炼金术之比较》，《郑州大学学报》（社会科学版）1990 年第 1 期。

础。理论与实践丰盈度不同,中国古代炼丹术理论和实践内涵相对单一,中国炼丹术一直遵循道教的阴阳五行说,理论没有发展的活力,禁锢在条框之中,炼丹术局限于小圈子阶层,晦涩、深奥,不为大众了解。西方炼金术在发展过程中对各种哲学思想、各种文化接纳、吸收并蓄。理论的活跃还是僵化,直接带来实践方法的差异,受众局限反过来制约其实践的广度与深度。

但有一点需要澄清,中国炼丹术对世界文化不是没有贡献,"九转铅丹法"是制取铅丹(Pb_3O_4)的最早文献,"炼石胆取精华法",用干馏法从石胆($CuSO_4 \cdot 5H_2O$)中提取硫酸(H_2SO_4),比 8 世纪阿拉伯国家制取硫酸,要早五六百年,最早总结了水法炼丹中金属间的置换现象等,这些是我们认识古代金属、合金的最早的材料来源,也是构成古代化学的主体部分。但这些认识仅是存在于晦涩的文献和小范围的圈子,它们的科学内涵未能被进一步认识和发展。

化学这门科学,是在欧洲中世纪炼金术的基础上发展起来的,而欧洲中世纪炼金术是导源于阿拉伯炼金术的,这是化学史上早已公认的事实。但中国古代炼丹术中产生的古代化学,以及中国古代炼丹术对西方炼金术的贡献,对现代化学贡献也是不可磨灭的。

二 早期的蒸馏器和蒸馏技术

前文探讨了中国古代炼丹技术对中国古代蒸馏技术的影响,阿拉伯炼金术是现代蒸馏技术的开端,中国古代炼丹术和阿拉伯炼金术又有着不同的起源和走向,那么不同地域的古代蒸馏器和蒸馏技术是什么样,有什么样的关联呢?

目前较主流的一种说法,认为蒸馏技术大约起源于公元前 4000—前 3000 年两河流域的美索不达米亚文明,伊拉克西北部的考古遗址 Tepe Gawra,出土了大约公元前 3500 年的陶制罐式蒸馏器。[①] 它有一个锥形

---

① Blass E., Liebl T. and Haberl M., *Extraktion-ein Historischer Ruckblick Chem*, Ing. Tech., Vol. 69, 1997, pp. 431 –437.

头，可以液化蒸汽，并带有边槽，可引导馏出物（图5-12）。蒸馏器里的液体通过从下面缓慢加热而蒸发，并在冷凝帽中冷凝。液滴沿帽壁下流到槽中被收集。

尽管苏美尔人的陶器易于操作，实用性很强，但推测此时的罐式蒸馏器，跟蒸馏酒并没有关系，而是用于制作香料香精的。人们使用香料，主要是为了饮食、调味以及熏香除秽、医药保健等。香料种类丰富，产地较多，用途广泛，古代文明国家如埃及、中国、印度、希腊等，都是较早使用和记载香料的国家。中国用香历史久远，香料的使用范围无出祭祀、宗教等礼用和日常使用之外。香从最初的祭祀酬神之用，逐渐延至社会生活的各个层面，并成为"礼"的一个重要载体。先秦时期的香料基本上为中国本土的香草香木，使用方法除了祭祀外，还包括佩戴、煮汤、熬膏、制酒，奠定了后世礼用香料的基本范围。① 埃及发现有更早用香实证，在公元前3500年埃及皇帝曼乃斯等墓中，发现油膏缸里的膏质仍散发出香气，可能是香膏或树脂。早在4000年前，古埃及人就已经开始使用香料。② 来自埃塞俄比亚的香料树在埃及种植获得成功后，被引种到阿拉伯半岛南部地区。特殊的气候及土壤条件，使香料树成为该地区生物圈中最富有生命力的树种之一。③ 随着种植面积扩大，人们开始研究如何更多地提取香料树分泌物，并把富余的香料与其他地区的居民进行交换。故而有"世界上有了阿拉伯人才有香料"之说。④

阿拉伯民族对香料的钟爱一方面在于穆斯林认为使用香料属于圣行，是高尚的精神生活与美好的物质享受的完美结合，更重要的是他们掌握了收获、加工香料的基本技能和方法。拥有高质量的香料是获取更大利

---

① 王颖竹、马清林等：《中国古代香料史话》，《文明》2014年第3期。
② 陈万里、王有勇：《当代埃及社会与文化》，上海外语教育出版社2002年版，第26页；打开埃及法老的香水瓶，2005年12月8日，http://www.xhby.net/xhby/content/2005-12/08/content1062136.htm。
③ 马和斌：《论伊斯兰教对阿拉伯香料文化的影响》，《西北民族研究》2008年第3期。
④ 袁国厚：《阿拉伯人与香料》，《世界知识》1988年第6期。

益的法宝。

图 5 - 12　伊拉克境内出土陶罐

图 5 - 13　亚历山大人手稿中的手绘蒸馏器

　　植物香料的提纯，离不开蒸馏法或萃取法等。Forbes 在其经典著作中称埃及是最早创制和使用蒸馏器的国家,[①] 当时已能用蒸馏器来提炼精油、玫瑰水、木松节油和其他物质。Lippmann 提出，公元前 1550 年的埃及人，使用蒸馏技术并将草药精油的蒸馏过程记录在莎草纸上。[②]埃及于公元前 525 年之后相继被波斯人、希腊人、罗马人和阿拉伯人等外族占领并统治，长达两千年之久。许多发明和创造的归属问题难以确定。亚历山大大帝征服许多国家之后，古希腊科学的主要中心，就从雅典转移到亚历山大里亚，于公元前 332 年在埃及建立了亚历山大里亚城，是当时文化艺术交流的中心，许多炼金术士和手工艺者聚集于此。公元 1 世纪，亚历山大的哲学流派手绘了从公元前 3 世纪使用至公元 9 世纪

---

　　① Forbes R. J. , Forbes R. J. , *A Short History of the Art of Distillation*, Brill: Leiden, 1970, pp. 1 - 113.

　　② Lippmann E. O. , *Entstehung and Ausbreitung der Alchemie*, Berlin: Springer, 1919, pp. 45 - 98.

的古老的蒸馏设备图，[①] 见图 5-13。其中加热、反应、冷却和接收各部分功用，可清晰分辨。

还有一部分史学家认为，蒸馏器是犹太女人玛利亚（Maria the Jewess，约生活在公元前 3 世纪和公元前 2 世纪之间）发明的。玛利亚是古希腊时期，生活在亚历山大的一名女炼金术士，后被许多人认为，是西方世界第一个真正的炼金术士。由于年代久远，玛利亚生活时期的著作很少或者没能保留下来，所以人们只能通过后世的一些文献了解到她，其中一种三臂蒸馏器（图 5-14）即由她发明。

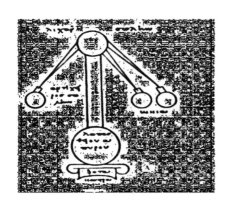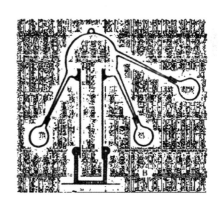

图 5-14　（A）架在加热器上的三臂蒸馏器　（B）这种蒸馏装置的复制品

该器由三根铜管或青铜管制作，每根管的末端与接受瓶颈尺寸相符，另一端与铜或青铜的蒸馏头焊接在一起，蒸馏头应接在盛有被加热物质的陶器上，连接处用糊糊密封。这种密封材料多由粘土、干粪以及碎毛状物组成。[②]

希腊炼金术士佐西默斯（Zosimus）于公元 4 世纪在其他蒸馏器的基

---

① Shoja M. M., Tubbs R. S., Bosmia A. N., et al., *Journal of Al-ternative & complementary Medicine*, Vol. 21, No. 6, 2015, pp. 309 – 320.

② ［英］查尔斯·辛格、E. J. 霍姆亚德著：《技术史第 Ⅱ 卷——地中海文明与中世纪》，潜伟译，中国工人出版社 2021 年版，第 734 页。

础上，增加一个更大的蒸发表面的设计（图 5 – 15），适合在相对较低的
温度下蒸馏如水浴蒸馏。在埃及和叙利亚也发现了这种类型的玻璃蒸馏
头的实例（图 5 – 16），其年代可追溯到 5 世纪到 8 世纪。

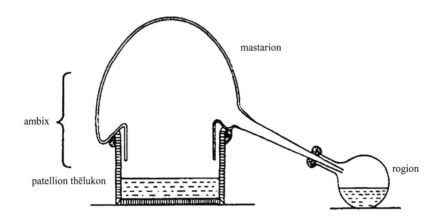

图 5 – 15　Zosimus 玻璃蒸馏器

图 5 – 16　玻璃蒸馏器

埃及　安大略博物馆

阿拉伯炼金术代表人物贾比尔，提倡使用玻璃器具。很显然，玻璃
材质对物质反应变化和各种现象的观察提供了方便。在亚历山大市发现

的一个玻璃蒸馏器（见图 5 - 17），推测可能是阿拉伯炼金术使用的蒸馏器装置,[1] 和公元 1 世纪手绘稿上蒸馏器外形极为相似。

图 5 - 17　阿拉伯炼金术士的玻璃蒸馏器[2]

玻璃制作原料引入的少量金属氧化物，可以使玻璃呈现不同颜色，在玻璃制造过程中加入软锰矿即二氧化锰，可以增加玻璃的透明度，也有认为制作无色玻璃的天然含锰的原料砂子，工匠凭经验是可以找到的。[3]

文艺复兴时期，最常见的两种 Alembic（蒸馏器）设计是摩尔头和 Rosenhut（德语为玫瑰帽）。摩尔头蒸馏器应该中世纪就已出现，头部是球根状，头部内部有循环水（图 5 - 18），蒸馏头用类似头巾的湿布包裹，以方便冷却凝结。Rosenhut 是一个带有圆锥形头部的蒸馏器（图 5 - 19），借助空气冷却。锥形蒸馏头更适合用于香精和香水的蒸馏。希罗尼姆·

---

① Kockmann N. , *Distillation: Fundamentals and Principles*, New York: Academic Press, 2014, pp. 6 - 14.

② Lippmann E. O. , *Entstehung und Ausbreitung der Alchemie*, Berlin: Springer, 1919, pp. 45 - 98.

③ [英] 查尔斯·辛格、E. J. 霍姆亚德著：《技术史第 Ⅱ 卷——地中海文明与中世纪》，潜伟译，中国工人出版社 2021 年版，第 314 页。

布伦契威格在从植物中蒸馏出"汁液"的操作中，用到一种叫作圆帽的、由空气冷却的圆锥形蒸馏器来浓缩植物的汁液，[①] 制取提炼药品。我们推测可能就是类似 Rosenhut 这种结构的蒸馏器。

中世纪及其后的一些蒸馏装置，人们为设计的精巧，花费了相当多的心思，但从亚历山大时期的蒸馏器起，实际上没有什么本质的变化。蒸馏器大多数材料似乎是玻璃或陶器，而最热的部分可能仍然由铜或其他金属材料制成。[②] 这是因为金属能承受更高的温度，且机械强度和延展性适合制造出更大体积的蒸馏器。但金属蒸馏器也有它们的弊端，并不适用于所有的产品。铜会破坏产品，令其释放出有毒物质。[③] 因此，铜制蒸馏釜通常内衬锡，来作为惰性表面。后来欧洲人通过提升玻璃质量，用性能更优良的玻璃制作蒸馏器，[④] 可更好实现和观察整个蒸馏过程。

图 5 - 18 摩尔头蒸馏器 1500 年左右

图 5 - 19 "Rosenhut" 蒸馏器[⑤]

---

① ［美］亨利·M. 莱斯特：《化学的历史背景》，吴忠译，商务印书馆 1982 年版，第100—101 页。

② Forbes R. J., *A Short History of the Art of Distillation*, Brill：Leiden, 1970, pp. 1 – 113.

③ Kockmann N., *Distillation：Fundamentals and Principles*, New York：Academic Press, 2014, pp. 6 – 14.

④ 杨勇勤：《论文艺复兴时期欧洲炼金术的阿拉伯渊源》，《天津大学学报》2009 年第 6 期。

⑤ 刘玉琛、王宇昕等：《古代蒸馏技术发展简史》，《化学教育》2021 年第 2 期。

　　冷却是处理蒸馏传热过程的重要部分，空气冷却器弊端明显，限制了工艺设备的尺寸和产物的产量。故带水冷凝器的摩尔头，成为蒸馏操作常用的经典设计之一。螺旋玻璃管水冷凝技术，发明于 1250 年左右的佛罗伦萨，从 16 世纪开始，连续水冷却的蒸馏器也开始出现，而立管的形状亦被设计成锯齿形或螺旋形。冷却技术的改变，对蒸馏器性能带来重要的影响。

　　李约瑟是最早关注到中国古代蒸馏装置的，其《中国科学技术史》第五卷第四册英文出版后，孟乃昌对其进行书评，[①] 其中提到，李约瑟将古代蒸馏器分为三种不同类型：希腊式、中国式、印度式，第一种希腊式蒸馏器中的蒸馏液从锅顶向各个方向降落，收集在圆形槽中，以侧管连续移去；第二种中国式，蒸馏液从锅顶下凹面降落至中心承受器，由侧管引出，印度类型介于两者中间。这里提到的中国式有点类似古代酿酒用的蒸馏设备（见图 5 - 20），将图 5 - 20 样式与清宫旧藏中一件来自西洋的铜质蒸馏器（图 5 - 21）对比，二者正如李约瑟的描述，中国

图 5 - 20　中国古代酿酒用蒸馏器　　　图 5 - 21　西洋蒸馏器　清宫旧藏

①　孟乃昌：《评介〈中国科学技术史〉第五卷第四分卷》，《化学通报》1983 年第 4 期。

式蒸馏器的冷却器为锅式，蒸馏液从锅顶下凹面降落，由侧管引出，而西洋蒸馏器的冷却器为壶式，蒸馏液从壶顶向各个方向降落，流入槽中，从侧管流出。

李约瑟在其著作中，将图5-22这种装置视为东亚类型最初类型——"蒙古人"（源自Hommel）蒸馏器，其冷凝面呈下凸状，馏出物落在静止的内部接收器中，没有侧管将馏出物引出。其还将丹房中常见的两种炉子——未既炉和既济炉进行分析，并分别对应为东亚类型中国式和蒙古式蒸馏器（图5-23）。

既济炉中，水鼎放在上部，火鼎放在下方，最下面是炭火；未济炉则相反，火鼎在上，水鼎在下，炭火在上。一直以来人们对既济炉和未济炉的蒸馏原理存在困惑，图5-23中的（c）和（d），是李约瑟对原（a）和（b）的解读。① 其将a图中右侧导管内部进行延伸表述，将b图中B位置中加放一接收器皿。右侧是"既济炉"，A是水鼎，本质即水

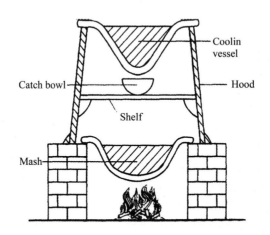

图5-22 东亚类型最初 Hommel 蒸馏器②

---

① Joseph Needham ect. , *Science and civilisation in China*, Cambridge University Press, 1980, pp. 69 - 70.

② Joseph Needham ect. , *Science and civilisation in China*, Cambridge University Press, 1980, p. 62.

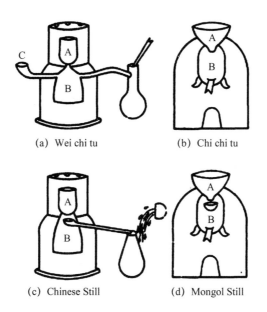

(a) Wei chi tu　　　　　(b) Chi chi tu

(c) Chinese Still　　　　(d) Mongol Still

图 5 - 23　东亚蒸馏器（中国式和蒙古式）

a. 未既炉，b. 既济炉

冷凝器，B 是反应釜，B 中间应加放一个简单的收集钵，置于 A 正下方。反应釜中生成的蒸汽碰到水冷凝器，冷凝液滴落至收集钵中。

　　受李约瑟此图的启示，我们对未济炉有了新的推测和认识。当时绘图者未必明白他们在绘制什么，更谈不上理解炉子的工作原理和各部件的作用，在绘制图时仅能凭借自己观察到的外部状况来理解。古代的未济炉，所用材料是不透明的，看不到内部，绘图者正视之，看到的就是一根管子从左进，右侧出（图 5 - 24），似乎贯通器物主体。而实际内部是两根管子，应该是一根通水管子，一根接收冷凝液体的管子（图 5 - 25，虚线表示 B 内状况），两根管子，作用各不相同。管子 C，往 B 中加入水，起到降温，帮助冷凝作用，另一根连通至收集器皿的接液管，内端设计为漏斗状或勺状，可承接冷凝液，与漏斗下的流管可将冷凝液导出，流入收集瓶中。

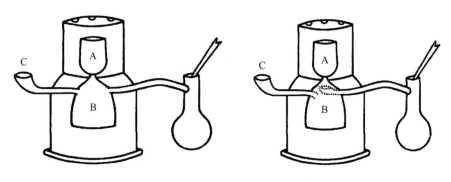

图 5 - 24　未济炉正视图　　　　图 5 - 25　未济炉内部结构再认识

　　一旦搞清楚 B 的内部结构，未济炉的蒸馏原理与过程，也就很好理解了。与既济炉的 A、B 不同，未济炉这里的 A 中盛砂，B 中置放冷水，加水高度低于内管的位置，A、B 套合，中间设有带孔板。炭火在上，反应生成汞液滴，从算板孔滴落至 B 中的接收皿里，沿着流管导出、收集。

　　现在看来，所谓中国式和蒙古式蒸馏器，两者无本质区别，均为锅式冷却，不同在于蒙古式是内部承接冷凝液，中国式是外部承接，外承法显然更能保证反应的连续性和操作的便利有效。从既济炉到未既炉，承接方式的改变，表明蒸馏器的发展进步。

　　李约瑟将冷却面作为区分中国和西方（希腊）蒸馏器的标准，过于简单化、绝对化。实际上，结合上文对考古材料的分析，属于蒙古式蒸馏器的如内蒙古巴林左旗出土的酿酒锅和河北青龙县出土的铜烧锅，却都带出流口，看起来是锅在上面，但我们要仔细分析其锅的设计与作用（第五章第一节），其主要为了盛放冷却水，与图 5 - 22 中其冷凝面呈下凸状正好相反，这两件锅冷凝面呈下凹状，下面蒸汽上升，碰到锅底的穹窿面（上面为冷却水），冷凝为液滴散落。即蒙元时期这两件器物，本质还是壶式冷却的蒸馏器。同样，前文探讨的几件汉代蒸馏器，也都是壶式冷却的蒸馏器。

　　我们将中国古代广义的蒸馏器分成两类：丹房用蒸馏器和生活用蒸

馏器，前者以《丹房须知》中的未济炉为代表；后者以前文中几件汉代蒸馏器为代表。

由于当时考古出土材料的制约，李约瑟仅是对第一类器物进行了总结。丹房涉及蒸馏的装置叫水火鼎，放置金石原料以备加热的鼎叫火鼎，贮放冷水以冷凝升华物（即丹药）的鼎叫水鼎。水鼎、火鼎分别取材制造、组装。根据火鼎与水鼎的相对位置，水火鼎可分为既济式与未济式两种，按照六十四卦，既济炉是上水下火（坤上乾下），未济炉是上火下水（坤下乾上）。有时为了长时间地缓慢加热火鼎，又往往将全套水火鼎放入一个大罐（又被称作"匦"）中，以热灰来加热。既济式指火鼎下，水鼎上，从底部加热；未济式指火鼎上，水鼎下，将水鼎埋入土中，炭火放在火鼎的上方。

既济式是"上水下火"结构，水鼎中贮放的冷水充当了冷凝介质，水鼎天锅状，锅式冷凝对应内承法。上火下凝方法炼汞时，用到的竹筒法、石榴罐法，它们的结构设计，应该是初始阶段对蒸馏、冷凝思想的践行，让冷凝液依靠重力作用，聚集于底部，无疑也属于内置法收集冷凝液的范畴。作为炼汞设备，竹筒的最下一节是黄泥，石榴罐最下部分是醋，原文称之为"华池水"，石榴罐法仍属于"上火下水"的范畴，实质上就是一种未济炉，竹筒式尽管不能吻合"上火下水"的理念，但可视为未济式的雏形，未济炉结构"上火下水"的设计，仍是竹筒法、石榴罐法的延续，进步之处是从内承法发展到外承法，意味着丹房蒸馏器的发展与进步。

第二类以汉代出现的生活类蒸馏器为代表，明显不同于第一类，生活用具要求其方便移动，火在上，显然极为不便，故此类蒸馏器均是下釜受热。器物均采用青铜材质，有的制作甚为精良，设计精巧。此类生活用蒸馏器结构多样化，但实现蒸馏，本质一致。内置法不需要出流管，对应的一定是锅式冷却；这类蒸馏器均为外承法，对应的一定是壶式冷却。

丹房蒸馏器特点如下：中国古代丹房蒸馏器用陶或铁为材料，热源位置不定，从多种类冷凝介质发展到以水冷凝为主，内承法为主，锅式冷却方式。甚至后来出现的外承法的未济炉，也是锅式冷却，丹房蒸馏器与生活类蒸馏器的明显不同在于，前者均为锅式冷却蒸馏器，后者均为壶式冷却蒸馏器。

未济炉具体出现的时代不得而知，文献对其记载，出现在宋或之后。不同于之前丹房蒸馏器类型中内承的特点，未济炉是外承法。也不排除一推测：外承法接收冷凝液的汉代生活蒸馏器，反过来对丹房设备有所启示：在遵循和延续道教的阴阳五行说（延续火在上思路）基础上，从先期的竹筒法、石榴罐法内置接收冷凝液，向外承法——将冷凝液体引出的未济炉转化。

第二类蒸馏器与西方早期蒸馏器，表现出一些设计共性：热源来自底部，有反应釜、壶式冷却器，外承法收集冷凝液。同时，作为早期的蒸馏器，都呈现出器物初期出现设计上的不足：冷却系统位于加热系统的正上部，热辐射影响到冷凝系统的效率，甚至可能造成部分冷凝液回流到蒸馏器下釜，影响高效获得易挥发组分。另外，设备的密封性欠缺导致系统承压能力差，较轻的馏分容易逸出。[1] 不同器物的密封性和细节设计，直接影响到器物蒸馏产率和蒸馏效率的高低。

丹房中炼汞"上火下凝"的方法，属于极为特殊的一类，真正生活中，火多设置于器物下部。前文分析，炼汞"上火下凝"装置的出现，早于生活中蒸馏器出现的年代，而且两者结构上没有任何直接关联。两类蒸馏器材质选取明显不同，前者铁，后者铜，意味着蒸馏对象的差别，综合判断，这两类蒸馏器，应该是利用蒸馏、冷凝的理念结合蒸馏目的物，在不同领域的创造和拓展。

从上述分析来看，考古材料给出的中国古代蒸馏器，与西方蒸馏器

---

① Forbes R. J., *A Short History of the Art of Distillation*, Brill: Leiden, 1970, pp. 1–113.

无本质差别。差异在于：制作材料不同，中国古代生活类蒸馏器用青铜材质，西方以玻璃为主；中国汉代生活蒸馏器结构差异大，以海昏侯蒸馏器和张家堡蒸馏器为代表，其结构设计的精细和复杂化程度高；相较中国古代蒸馏器热源为炭火，西方还出现了灰蒸馏以及在相对较低的温度下蒸馏如水浴蒸馏，显然，灰蒸馏时，火力更猛一些，而水蒸馏则火力更温和、平稳。加热方式的差异，意味着蒸馏对象的不同。

尽管世界范围内蒸馏技术的起源尚无定论，但古文明发源地的先民们，在生产、生活中独创了外形不同的蒸馏器，却是不争的事实。不同流域的先民，对蒸煮器使用中蒸发、冷凝现象的熟悉和认知，使得在一定社会需求下，创造和发展出将冷凝液从反应器中引出的古代蒸馏器和蒸馏技术，显然也不足为奇。

综上所述，不管是阿拉伯还是古埃及，它们的炼金术和中国炼丹术的产生诉求不同，出现的时间又均晚于中国，发展归宿也不同。中国古代蒸馏器可分为两大类：丹房蒸馏器和生活用蒸馏器。两类蒸馏器有着各自的设计和发展。因道教思想的贯穿、蒸馏对象的特殊等，决定了丹房蒸馏器的特殊性，丹房蒸馏器热源位置不定，从多种类冷凝介质发展到以水冷凝为主，内承法为主，锅式冷却方式。汉代生活类蒸馏器，均热源自下，为壶式冷却、外承法，有空气冷凝也有水冷凝，这些特点，和西方蒸馏器完全一致，但中西方蒸馏器在材质、加热方式上也存在一些差别。对中国古代不同时期的蒸馏器比对，初步认为中国古代蒸馏技术是自成体系，有其清晰的发展脉络。而中西方蒸馏技术有无相互借鉴，还有待更多的考古材料说明。

第六章　器物的功用辨析与
汉代造物观

　　上釜带流的套合器即为最初的蒸馏器。汉代生活用蒸馏器，具体又可分成两类：一类是带流的甗形套合器，一类是带流的筒形套合器。前者引发我们将其与传统意义上的流甗、盉形器进行分辨，后者引发我们对汉代诸多种类筒形器的好奇。在对古代器物属性进行认识时，不能只着眼于器物的形制，更要兼顾其结构和功用进行分析。

第一节　流甗和甗形盉的辨析

　　业界对流甗的认识，并不统一。广义上的流甗，即指带流的甗，或称之为带流的类甗器。马今洪对于江淮地区出土的流甗进行过详细的探讨。① 这些流甗均由上下两部分构成，下部为空足的鬲形器，器腹部设有流和鋬，流与鋬呈90℃直角。在其研究基础上，将我国春秋时期出土的十余件带流的类甗器物进行汇总，见表6－1。

　　从表6－1可以看出，从春秋早期到春秋晚期，甗形铜盉的个体大多不大，高度没有太大的变化，多集中在17—19厘米，口径多集中于13—14厘米。口部形态有钵口和盘（盆）口。钵口铜盉大约是西周晚期

---

　　① 马今洪：《流甗的研究》，《文博》1996年第4期。

出现的，并一直延续到春秋末。盘（盆）口盉出现的时间稍晚些，从早到晚，甗形铜盉经历了腹部凸显特征逐渐下移、腹深相对渐小的变化。按柄部形态的不同，可分为分装柄与联体柄。分装柄自早至晚均有发现，柄的末端为仅显示轮廓的鸟首；联体柄似出现于春秋中期之后，柄的末端为龙首。柄的长度，早期短柄者居多，柄末端多不高于口部；之后长柄者渐多，柄末端也渐高于口部。联体柄大多数作二段式，两段可旋合成一体。表6-1中有两件甗形盉，发掘报告给出的示意图中，鋬尾段方向向下，实际应该是向上的。

目前所发现的甗形盉数量较少，集中分布于皖南和豫东地区，而尤以皖南地区分布最为集中，[①] 甗形铜盉，出土地点以舒城—肥西一带、铜陵—繁昌一带分布最为密集。也有个别甗形盉见于安徽以外地区，如河南信阳、湖北汉川、湖南衡南、浙江绍兴等地也有发现。

除了形态接近，甗形铜盉的时代主要是在春秋中期到春秋晚期战国早期。有研究认为，该类甗形盉（鬲形盉）应为舒器。[②] 在春秋中期到春秋晚期，皖南的大部分地区，如六安、舒城、肥西和庐江等地皆属于群舒的区域。而群舒又是一个族群的概念，包括若干的小国。在春秋晚期渐被楚灭。这些地区所出的该时期的器物应为典型的舒器。但这些甗形盉随着群舒族群的消失而消亡，如舒城九里墩发现的春秋晚期墓，已经基本不见其自身的特色，战国时期该地区更是明显的具有楚文化特色。故而春秋晚战国早以后，该地再不见有作为舒器特色之一的甗形盉的发现。

关于甗形铜盉的渊源，有学者进行研究，[③] 认为甗形铜盉并不是突然出现的，无论巢湖以西的平原区还是与之相邻的皖南沿江地带，商时期的考古材料比较贫乏，更谈不上陶盉的发现了。但在皖西南沿江地区

---

① 余飞、白国柱：《甗形盉——江淮、皖南的青铜器瑰宝》，《大众考古》2018年第8期。

② 郑小炉：《试论青铜甗（鬲）形盉》，《南方文物》2003年第3期。

③ 余飞、白国柱：《甗形盉——江淮、皖南的青铜器瑰宝》，《大众考古》2018年第8期。

几处遗址出土了商时期的甗形陶盉，在枞阳汤家墩发现唯一一件西周时期的甗形陶盉，更有多处遗址出土了两周时期的甗形陶盉，如霍邱堰台、六安庙台、六安堰墩、霍山戴家院、庐江大神墩、铜陵师姑墩等（图 6 – 1）。甗形陶盉最早出现于皖西南地区，然后逐步发展影响到江汉、巢湖西及皖南地区。

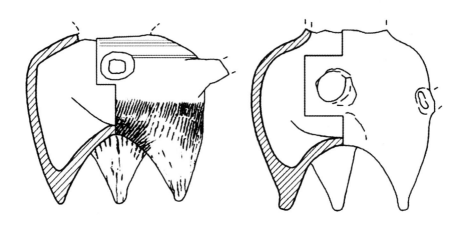

图 6 – 1　甗形陶盉

1. 枞阳汤家墩采集甗形陶盉　2. 铜陵师姑墩出土甗形陶盉

从表中可以较清晰地看出，这十多件流甗的共性：器形较小，这十余件器物尽管是一体铸造的，但上下两个部分存在明显的束腰，出土资料也证实了束腰位置有箅，将其分割为上下部分，类似甗结构，这也是被称之为流甗的主要原因。这些器物均带錾和流，应该是方便人们移动器物和倾倒器内的液体所设计的。

分体甗是分体铸造、套合，器物尺寸较大，甗上没有流管和錾。流甗是一体铸造、尺寸较小，流甗上的流和錾的位置呈直角，且錾在流管右侧。表 6 – 1 中的这些流甗，与传统的分体铜甗有着明显的不同，而与传统意义上盉的结构、功用较为接近，将其称为盉形器或甗形盉似乎更为合适。还有学者将上述这类盉形器归入青铜盉中的甗形（I 型）和鬲形（J型），I型和J型不见于其他地区，是春秋时期楚文化区的特有器物。①

商周时期铜盉形状多样，一般是深腹、有盖、有流、三足或四足，多有执錾，或在盉口下两侧置贯耳；春秋战国时期，盉上多设提梁，即所谓提梁盉，执錾和流呈180°夹角（图6-2）。铜盉如果体型大，自重大，执錾和流位置的设计如图6-2的话，手执錾显然不好拿动器物。如果将流与錾呈直角分布如海昏侯墓出土的铜盉（图6-3），类似今天的炒锅，其锅柄和倾倒方向呈直角关系，显然倾倒时更为方便、拿动更为省力。

图6-2　西周早期铜盉②

图6-3　海昏侯墓出土铜盉③

甋形盉与传统盉有着明显的差别：传统盉无腰，中间无箅，传统盉的流与錾，多呈直线即180°对称分布，也有个别如图6-3呈直角分布；甋形盉有腰、带箅，流管与錾呈90°夹角。

盉多作为古代盛酒或水的器皿，也有较为特殊作为药用器皿的。在郑州大河村，考古工作者发现一件仰韶文化晚期的夹砂灰褐陶器（图6-4）。

① 彭裕商、韩文博等：《商周青铜盉研究》，《考古学报》2018年第4期。
② 随州市博物馆：《随州出土文物精粹》，文物出版社2009年版。
③ 施由明：《南昌汉海昏侯墓出土的铜盉》，《农业考古》2017年第1期。

该器敛口，腹上部微鼓，平底，肩部附有高出口沿的管状流，口沿下饰一周凸棱花边，流口上有九个圆孔。底径 8 厘米、高 11 厘米。这件形制特殊的陶器，报告未说明其用途，有研究认为其样式非常近似现在煎煮中草药的药罐，是一种特殊功用的盂形器，很大可能是作为当时人们的药用器皿，带孔的流口起到过滤作用，[①] 滤出液体，拦下渣滓。夹砂粗陶较好地起到传热和防止受热炸裂的作用。在河南稍柴龙山文化遗存中，也出土过类似器物。

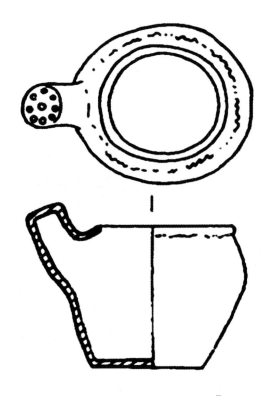

图 6-4　大河村出土的盂形器[②]

　　① 王克林：《试探新石器时代的医药——对仰韶文化盂形器用途之推测》，《文物季刊》1994 年第 4 期。
　　② 郑州博物馆：《郑州大河村遗址发掘报告》，《考古学报》1979 年第 3 期。

器物定名不能脱离其属性，表6-1中这类甗形盉，规格小、方便倾倒和挪移，通常情况下，如果仅仅是作为盛器倾倒使用，则流口与鋬多呈180度对称分布，如今天烧水壶的壶嘴与把手位置。这类甗形盉的流管与鋬呈90度夹角，且鋬在流管的右侧，只有其受热状态即在火源上，才会用到这样操作，倾倒更为安全、方便，同时加入水后可以继续受热（类似炒锅倾倒动作）。鋬在流右侧的设计也使得上述操作更为顺手、合理。部分甗形盉如庐江十八桥村和六安毛坦厂镇的甗形盉的分裆处底部，可观察到有加热火烧的痕迹，证实了这种推测。

从器物结构可以看出，鋬或作两段式结构或直接插入木头，鋬作两段式，其中一截与器身连铸，另一截则分铸，两者通过木质或者铆钉类组合固定（管壁上有小圆孔，可以加销子便于固定）。有的器物管流内还残存有朽木，亦可说明这一点。这种结构特殊的鋬，不见于其他青铜器。但发掘时，大多数都失去了分铸的那一段，只留存和器身连铸的短管流。鋬两段式结构或直接插入木头的设计均是为了隔热，便于手的握拿和不烫手。而这类器物中间带算，则可能是实现某种物质的加热、浸取、倾倒、隔离滤渣等，很大可能与中草药等类物质有关。这类器物在特定区域与特定时间段出现，推测应是和那个时段、当地气候、群舒族属人的生活习性密切相关的。

表6-1 　　　　　　　　　　　　　出土的甗形盉的梳理

序号	器物示意图	高（厘米）	口径（厘米）	器物描述	出土地点	器物年代
1		19.2	15.2	口沿微敛、斜腹	安徽肥西小八里村	春秋早期

序号	器物示意图	高 （厘米）	口径 （厘米）	器物描述	出土地点	器物年代
2		18.2	11.2	平盖、敛口、斜腹略有弧度，有曲形小錾	河南光山宝相寺墓葬	春秋早期后段
3		20.4	10.7	平盖、敛口、斜腹有弧度，有曲形小錾	安徽舒城五里砖瓦厂	春秋早期
4		20.7	12.7	圆穹形盖，上有盘状的提手，直口、弧腹	上海博物馆藏品	春秋早期
5		18.7	14		安徽舒城凤凰嘴	春秋中期
6		18.8	14		安徽舒城河口镇	春秋中期

序号	器物示意图	高(厘米)	口径(厘米)	器物描述	出土地点	器物年代
7		19.8	13.8		安徽庐江十八桥村	春秋中期
8		17	14.4	鋬呈长曲形，鋬端饰回顾龙首	安徽庐江泥河区赵庄	春秋中期
9		21	14.5		安徽铜陵谢垅	春秋晚期
10		19	14.5	鋬首端呈六角棱形	安徽怀宁杨家牌	春秋中期
11		20	14.5	口沿下饰龙纹	安徽六安毛坦厂镇	春秋中期

续表

序号	器物示意图	高（厘米）	口径（厘米）	器物描述	出土地点	器物年代
12		20	15	上半部及鋬饰蟠龙纹、鋬端饰一龙首	湖北汉川城关镇	春秋中期
13		17.5	13	口沿下饰变形龙纹	湖南衡阳保和圩	春秋中期
14		26		平底盖，盖上四个立钮，顶心半圆形钮，钮内贯一活动圆环。龙首流，鋬呈筒形	浙江绍兴306号墓	战国初期

第二节　从结构与属性看流甗演变

我们认为上述甗形盉，其结构类甗，带流，但并非真正意义的流甗。真正意义的流甗，应该是器物带流，且具有甗的属性，这种流甗，目前考古材料并不多见，且称谓不一，如下面两件流甗，也被称之为腰流盉。[①] 我们还是本着器物功用属性来定名。

---

① 毛颖：《南方青铜盉研究》，《东南文化》2004 年第 4 期。

　　青铜流甗，应该是由新石器时期的带流陶甗演变而来。1956年11月，南京博物院考古及民俗工作人员在南京中央门外小市镇安怀村的柴山，清理发掘出很多遗物，109件陶器中陶甗数量最多，其中就有一件是带流陶甗（图6－5），其制作精细、造型美观，附带有两耳和一粗流。可惜它的箅子已遗失，从邻近另外探方发现的陶箅，可以推测它原有形状。遗址出土的很多陶垫，可能有一部分就是用来做箅的。①

图6－5　南京安怀村新石器时期带流陶甗及陶箅

　　东周时期的流甗，出现得较多，不论陶质还是青铜的流甗，器形都较大，都不带鬶，流设在下釜靠上的位置，可以通过流，来倾倒釜中液体，也可以从流口往釜中加水。青铜流甗多为一体甗，分体流甗数量少，目前收集到分体流甗的资料，有1979年3月江苏省丹徒县（今镇江市丹

_____

　　① 南京博物院：《南京安怀村古遗址发掘简报》，《考古通讯》1957年第5期。

徒区）谏壁粮山大队出土的一件春秋晚期的青铜带流甗①（图6-6）。该器由甑和三足釜套合，通高58厘米，口径40.3厘米。口沿凸出一圈用以承盖，两旁鼓出双耳，各自套扣一吊链，腹上有三道凸弦纹。釜呈扁圆形，三短蹄足。在甑与釜相接的内部有八个凸出的半圆形的托，用以托算，釜上有一口径略大、向上的流口（注水口）。釜底有很厚的烟炱痕迹，出土时器盖和算均无，推测是用竹木制作的，早已腐烂无存。

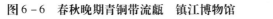
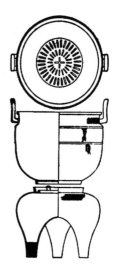

图6-6　春秋晚期青铜带流甗　镇江博物馆　　图6-7　淮阴高庄战国
　　　　　　　　　　　　　　　　　　　　　　　　　　带流铜甗

从器物耳上之吊链、注水孔及矮短的釜足来看，推测此甗为悬吊使用。釜足非常矮小，如果放在地上，距离火源过于接近，火力难以奏效，而吊链将器物悬吊，则距离可调、火力大小也可调整。从图6-6可以看出，青铜带流甗的上甑较为笨重，这么沉重的青铜器，拆开注水、倒水都不是容易的事。与其费劲地搬动器物，倒不如设计一个注水孔，这样

①　镇江市博物馆：《江苏丹徒出土东周铜器》，《考古》1981年第5期。

既可以事先直接由注水口注水，中途需要更换釜内溶液时，只需要轻微力量，将悬吊的器身荡开一定倾斜角度，即可通过注孔，将里面的液体倒出。从这种意义上来说，这里的孔称为流孔更为准确，可往里注水也可以往外倾倒，较粗的流孔的设置，避免了上下挪动笨重的器物和拆开器物，把人们从繁重的操作中解脱出来，是一种构思巧妙的设计。

1978 年，淮阴高庄战国墓也出土了一件带流铜甗①（图 6-7）。高庄墓位于江苏省淮阴市（今淮安市淮阴区）城区西南约十公里处，该墓为土坑木椁墓。出土时器物体已残，带流铜甗由甑、鬲组合而成。甑口径 34.8 厘米，底径 18.2 厘米，高 33 厘米。侈口，折沿，束颈，深腹，圈足，平底，附耳外侈。底部有长条状箅孔，作放射状排列。腹部饰有两圈粗凸弦纹，耳、颈、腹上原有纹饰为蟠螭纹，因纹饰长期磨损，仅局部残留。鬲，口径 20.5 厘米，高 27.5 厘米，侈口，短颈，广肩，联裆袋形足。近鬲口沿处，有一舌状短流，鬲腹饰蟠螭纹几乎已磨光。

真正流甗出土数量较少，上述两件流甗，尽管结构略有差别，一个是三足釜，一个为鬲，但二者总高度接近，二者的上分体的规格较大，分量重，搬移和倾倒都极为不便，加入流孔设计，大大降低了劳动强度，可以不开拆器物，实现操作的需要。下釜或鬲上的流孔，应该是出自日常观察，经验总结后的一种省力、方便的设计，体现出古人的聪明才智。流甗的流孔向上、位置在釜或鬲偏上位置，与汉代蒸馏器流口位置设在上分体上，流口方向朝下自然引出蒸馏液的设计目的和理念截然不同。同为流，位置和方向不同，意味着其作用的不同。无论从结构还是功效看，流甗都是不具有蒸馏功能的。

第三节　部分筒形器的辨析与再认识

张家堡蒸馏器和海昏侯蒸馏器的上分体，均是铜质筒形器，明显有

---

① 淮阴市博物馆：《淮阴高庄战国墓》，《考古学报》1988 年第 2 期。

别于其他蒸馏器下釜上甑的结构。这是引发我们对筒形器尤其汉代筒形器物研究的初衷。

筒形器范畴过大，我们针对的是青铜质地的筒形器。考古工作者对秦汉时期各种筒形器的命名不尽一致，发掘报告中或称之为筒形器、卣、提筒、提梁卣、尊、奁；等等。为更好地认识筒形器物，我们选择对出土的身形修长、带盖、带提梁的筒形器材料，进行收集整理，详见表6-2。

表6-2 部分筒形器整理

墓葬（时代）	原报告命名	器物图	尺寸	备注
河南安阳殷墟刘家庄北地350号车马坑商末周初	筒形卣		通高30.8厘米	丘连建：《商末周初青铜容器的整理与断代研究》，博士学位论文，陕西师范大学，2014年
山东新泰市商周	新泰龙纹卣		通高33厘米口径12厘米	魏国：《山东新泰出土商周青铜器》，《文物》1992年第3期
宝鸡竹沟园13号墓西周	筒形直棱纹提梁卣		带梁通高33.3厘米口径12.4厘米	《宝鸡鱼国墓地》，文物出版社1988年版，现藏宝鸡中国青铜器博物馆

续表

墓葬（时代）	原报告命名	器物图	尺寸	备注
上海博物馆（征集）西周	古父己卣		高 33.2 厘米 口径 15.7 厘米 底径 15.3 厘米	
灵台白草坡西周墓	㵼伯卣 M12 件		M1：13 29/12 厘米 M：14 25/10.5 厘米	《甘肃灵台白草坡西周墓》，《考古与文物》1977 年第 2 期
灵台白草坡西周墓	筒形提梁卣 M22 件		M2：8 32/13 厘米 M2：9 26/12 厘米	《甘肃灵台白草坡西周墓》，《考古与文物》1977 年第 2 期
山东滕州前掌大西周墓	提梁卣 M119			《滕州前掌大墓地》，文物出版社 2005 年版
山西曲沃晋侯墓地 63 号墓西周	立鸟人足筒形器		高 23.1 厘米 筒径 9.1 厘米	山西省博物院

续表

墓葬 （时代）	原报告命名	器物图	尺寸	备注
河北中山王墓战国	铜鋞		通高58.8厘米 口径24.5厘米	孙华：《中山王墓铜器四题》，《文物春秋》2013年第1期
抚顺刘二屯西汉墓	提梁㽅		高26厘米 口径10.5厘米 内盛有禽骨等物	《辽宁抚顺县刘尔屯西汉墓》，《考古》1983年第11期
扶风石家寨汉墓西汉	提梁卣		通高28.5厘米 口径10.7厘米	《陕西扶风石家寨一号汉墓发掘简报》，《中原文物》1985年第1期
山东荣成梁南庄汉墓西汉	㽅		通高20厘米 口径不详	《山东荣成梁南庄汉墓发掘简报》，《考古》1994年第12期
陕西咸阳马泉西汉墓	三足提梁筒形器		通高28.2厘米 口径12厘米	《陕西咸阳马泉西汉墓》，《考古》1979年第2期

续表

墓葬（时代）	原报告命名	器物图	尺寸	备注
安徽天长县（今天长市）西汉墓	尊2件		通高24厘米 口径15厘米	《安徽天长县三角圩战国西汉墓出土的器物》，《文物》1993年第9期
汉长安城西汉窖藏	奁2件		通高24.2厘米 口径13.2厘米 另一件通高21.4厘米 口径11厘米	《汉长安城发现西汉窖藏铜器》，《考古》1985年第5期
平权县杨杖子村汉墓西汉	筒形器		通高19厘米 口径13厘米 铜环有磨损使用痕迹	《河北平权县杨杖子村发现汉墓》，《文物》1975年第11期
芜湖贺家园西汉墓	尊		通高20.4厘米 口径14厘米	《芜湖市贺家园西汉墓》，《考古学报》1983年第3期
山东莱西县（今莱西市）岱墅西汉墓	提梁卣鎏金		通高21.2厘米 口径12厘米	《山东莱西县岱墅西汉墓》，《文物》1980年第12期

175

墓葬（时代）	原报告命名	器物图	尺寸	备注
山西平塑西汉	三足提梁筒形器		通高 33 厘米口径 12.4 厘米	《平塑出土文物》，山西人民出版社 1994 年版
山西浑源毕村汉墓西汉	三足提梁筒形器		通高 19.2 厘米口径 12.2 厘米	《山西浑源毕村西汉木椁墓》，《文物》1980 年第 6 期
江苏邗江姚庄 101 号汉墓西汉	提梁奁M101：175		通高 24 厘米口径 11.8 厘米	《江苏邗江姚庄 101 号西汉墓》，《文物》1988 年第 2 期
日照海曲汉墓西汉	三足提梁盒M106：61		通高 20 厘米口径 12.6 厘米	《山东日照海曲西汉墓（M106）发掘简报》，《文物》2010 年第 1 期
济南魏家庄万达广场工地考古发掘西汉	铜鋞		通高 20.2 厘米口径 12.4 厘米	《山东济南魏家庄汉墓发掘简报》，《华夏考古》2016 年第 4 期

墓葬 （时代）	原报告命名	器物图	尺寸	备注
扬州西湖镇中心村出土西汉	铜鋞		通高 20.1 厘米 口径 11.8 厘米	《广陵遗珍——扬州出土文物选粹》，凤凰美术出版社 2018 年版
贵港市罗泊湾 1 号墓西汉	漆绘提梁铜筒		通高 41 厘米 口径 13.8 厘米	《广西贵县罗泊湾一号墓发掘简报》，《文物》1978 年第 9 期
扬州东风砖瓦厂汉墓西汉晚期	提梁卣		通高 20 厘米 口径 12 厘米	李久梅：《扬州东风砖瓦厂汉代木椁墓群》，《考古》1980 年第 5 期
台北故宫博物院藏	铜鋞		通高 22.6 厘米 鋞的盖向下凹陷，中央有一枚长钉，器腹内却有一堆鸡骨	
日本永乐美术馆藏	铜鋞			

续表

墓葬 （时代）	原报告命名	器物图	尺寸	备注
海昏侯墓 西汉	铜鋞多件		通高 17.6— 20.7 厘米 口径 11.1— 12.2 厘米	《西汉海昏侯刘贺墓铜器定名和器用问题初论》，《文物》2018 年第 11 期
长沙杨家山汉墓	竹节铜鋞		通高 24.2 厘米 口径 10.3 厘米	郑曙斌：《湖南发现的汉代青铜器赏析》，《收藏家》2017 年 11 月
郑集镇赤湖台包子墓东汉	铜奁		通高 10 厘米 口径 3.5 厘米	《楚风汉韵——宜城地区出土楚汉文物陈列》，文物出版社 2011 年版
咸阳博物馆汉代	铜提梁三足筒形器		通高 33 厘米 口径 12.4 厘米	《咸阳博物馆收藏的汉代铜器》，《文物》2009 年第 5 期

一 几类筒形器的定名

表 6-2 中各类筒形器，它们器形一致，尺寸较接近，均带有提梁。从中可以看到，筒形器的时代，从西周到东汉均有，尤其以西汉较为多见，发掘报告给这些筒形器有着不同的称谓和定名。

筒形器最早可追溯到西周的筒形提梁卣（或许更应该称之为提梁壶）。有学者认为直筒形卣是周初新颖的式样，可能由于器形简单，造型单调，出现不久就不再流行使用了，所以传世和出土的筒形提梁卣极为罕见，直到战国晚期中山王墓才又见到。① 孙华先生从形态和用途角度分析，认为西周的几件提梁卣的命名，也是不太恰当的，认为它们和汉代的铜鋞非常相似。②

考古发掘者对这些筒形器有着多种称谓，有认为这些器物和西周直筒状的提梁卣形态接近而称之为提梁卣的；有认为这种器物与秦汉时期流行的带三只矮足的粗筒形器相似，而称之为提梁尊的；还有借鉴秦汉时期流行的一种小型杯形器——"卮"的名称，而称之为提梁卮的，等等。日本学者林巳奈夫主编的《汉代的文物》，发表了日本宁乐美术馆收藏的一件失去提梁的三足提梁筒形器，该器器身所刻铭文自称为铜鋞："河平元年供工昌造铜鋞，容二斗，重十四斤四两，护武、啬夫昌主，右丞谭、令谭省。"由此将三足带提梁的筒形器称为鋞或铜鋞。

《说文解字·金部》说："鋞，温器也，圆直上。"即器体呈圆形，直上直下，主要用来温酒、盛酒的。秦汉时期使用竹筒作为饮食用器曾经是很普遍的现象。③ 裘锡圭先生指出：秦汉铜鋞形态均为竖直筒形，铜鋞器身往往饰宽带纹，应该是模仿竹筒上的缠绳，所以鋞是由竹提筒演化而来的一种酒器。④ 铜鋞是汉代较为常见的器物，东汉后期，铜鋞逐渐消亡。⑤ 海昏侯遗址发现数件筒形器，直壁深腹，带盖，有提梁，出土时考古工作者将其命名为青铜提梁尊，后在修复研究过程中，将其定名为铜鋞。

① 孙华：《中山王墓铜器四题》，《文物春秋》2013 年第 1 期。

② 孙华：《商周铜卣新论——兼论提梁铜壶与铜匜的有关问题》，《洛阳博物馆建馆四十周年纪念文集》，科学出版社 1999 年版。

③ 王子今：《试谈秦汉筒形器》，《文物季刊》1993 年第 1 期。

④ 裘锡圭：《鋞与桱桯》，《文物》1987 年第 9 期。

⑤ 王元：《西汉青铜酒器初探》，硕士学位论文，南京师范大学，2012 年。

表 6 - 2 中西周时期器物，除了山西曲沃立鸟人足筒形器造型特殊，其功用尚不明朗外，西周时期的几件筒形器均无足，器身高度均在 30 厘米左右，口径 10—15 厘米，高、宽比较为一致，在 2.1—2.4 厘米之间。从战国始，铜鋞开始有足，西汉铜鋞高度在 20—30 厘米，口径 10—15 厘米，高、宽比普遍有所下降。部分铜鋞还有鎏金、漆绘等装饰。

（一）铜鋞与铜尊、铜套

与铜鋞明显不同，铜尊的口径通常要大许多。故在表 6 - 2 中筒形铜尊并未列入。然而，铜鋞与铜尊从造型到功用，有着极大的关联。

尊是出现于战国，盛行于汉代的一种日常实用酒器，主要分为两类：一类为盆形尊，尊体如盆，大口浅腹，有三足和圈足之分，通常以圈足居多；一类为筒形尊，腹较深，直壁，两边往往饰有铺首衔环，平底，底部也有三足、圈足两种，以三足者为多。通常筒形尊较盆形尊的地位更高，有些筒形尊还会有配套的盖与承盘。汉代的酒尊多为筒形，由铜、漆木、玉和陶瓷等不同材质制作而成。

湖南长沙颜家岭楚墓出土的狩猎纹漆尊，是战国时期漆器艺术的杰作（图 6 - 8）。湖南长沙马王堆 2 号墓出土的嵌玉铜尊（图 6 - 9），以铜条为骨架，玉片镶嵌于铜条之中，结合紧密，上刻云纹、柿蒂纹、凤纹、谷粒纹等，里外打磨光亮，制作精致美观。山西右玉出土的两件汉代铜尊[1]（图 6 - 10），胡傅铜温酒尊通高 34.5 厘米，口径 64.5 厘米。上施大量彩绘，有朱漆，这在汉代铜器中也是极为少见的。因有铭文"胡傅铜温酒尊"，将此器的名称与用途说得明明白白，也为我们判断此类器物提供了依据。

故宫博物院收藏有一件鎏金铜斛[2]（图 6 - 11），通高 41 厘米，铜斛上为筒形器，高 33 厘米，口径 33.5 厘米，下为盘形器，盘径 57.5 厘

---

[1] 郭勇：《山西省右玉县出土的西汉铜器》，《文物》1963 年第 11 期。

[2] 白云翔：《汉代"蜀郡西工造"的考古学论述》，《四川文物》2014 年第 6 期。

图6-8　狩猎纹漆尊

图6-9　嵌玉铜尊

图6-10　胡傅铜温酒尊

图 6-11　鎏金铜斛　东汉　故宫博物院

米。筒形器和盘都有三足。盘口沿下铸铭文 62 字："建武廿一年（东汉光武帝公元 45 年），蜀郡西工造乘舆一斛承旋，雕蹲熊足，青碧闵瑰饰。铜承旋，径二尺二寸。铜涂工崇、雕工业、涷工康、造工业造，护工卒史恽、长氾、丞荫、掾巡、令史郎主。""斛"和"承旋"这两个名称都见于该器铭文。盘径 57.5 厘米，与铭文"铜承旋，径二尺二寸"比对，尺寸基本吻合。镟，《说文》曰："圜炉也"，圆形的炉子。南宋文字学家戴侗《六书故》说，镟为"温器也，旋之汤中以温酒。或曰今之铜锡盘曰旋，取旋转为用也"。故上面的三足筒形器当名为"旋"，属于盛酒、温酒之器。铭文是刻在盘上的，所以承旋应该就是指三足盘。

　　河北邯郸张庄桥出土了一件与故宫鎏金铜斛形制一样的"大爵酒尊"①（图6-12），通高28.2厘米，口径36厘米，盘径47.7厘米，高8.5厘米。其铭文："建武廿三年，蜀郡西工造乘舆大爵酒尊，内者室、铜工堂、金银涂章、文工循、造工□，护工卒史恽，长汜，守丞汜，掾习，令史愔主。"铭文则明确昭示这是一件酒尊。铭文中的"乘舆"二字，表明了这件器皿是蜀郡西工专门为皇室制造的。

图6-12　大爵酒尊　东汉

　　鎏金铜斛和大爵酒尊，这两件器物形制完全一致，差异仅是前者略微瘦高些。蜀郡工官是汉朝中央政府设立的著名工官之一，其产品主要供给宫廷和皇室成员。酒一般盛在酒瓮、酒榼或酒壶中，开饮时将酒倾入尊中，再用勺酌入耳杯进饮，故而酒尊口径不能太小。这类器物使用方式无二，都是体现了当时贵族饮酒的一种姿势和派头。

---

　　① 郝良真：《邯郸出土的"蜀西工"造酒樽》，《文物》1995年第10期。

铜尊和铜鋞均为盛酒、温酒器，造型也均为筒形器。有关温器的解释一直以来存在两种声音，一是加热的器具；二是盛放清酒的容器。[①]孙机先生认为"温酒尊"是盛酒用的，并非温器，醖酒色清澄，故亦称"清酒"，筒形酒尊亦称"清尊"。[②]唐兰先生在《长沙马王堆汉轪侯妻辛追墓出土随葬遣策考释》一文中，认为汉代温与醖通用，温就是醖字。醖酒是反复重酿多次的酒，酿造过程历时较长，淀粉的糖化和酒化较充分，故酒液清淳，酒味醇冽，酒度也稍高。为了防止酒力发挥过猛，古人或作冷饮，从而推测筒形尊盛放的是冷的醖酒，与加热并无关系。我们认可这种推测，从尊的器形来看，其底足较矮，有的尊内髤朱漆，外壁饰有纹饰，通体鎏金银等，常识告诉我们，如果盘中置碳来温热筒形尊，这些装饰加工显然没有必要。

口径大是铜尊的明显特点，上述几件铜尊径高比在 1.0—1.8 厘米之间，且多与承托盘配合。表 6-2 中安徽天长和贺家园西汉墓出土铜尊的径高比仅 0.7 左右，器物定名值得进一步商榷。

铜鋞通常身形修长，多带提梁，有带足的与不带足的，若参照温酒方法，铜鋞如此高度，使用显然不太方便。其最大可能就是作为储存酒的容器，下文对铜鋞功用有探讨，认为其更大可能是放置于水池、冰窖来冷藏的，而这也是对铜鋞的祖型——竹提桶功用的发扬。铜鋞作为盛放器，在不盛放酒时，往往被拿来临时作为他物的存放地，也是正常变通的思维。辽宁抚顺和台北故宫的铜鋞内盛放有禽骨或许就是这种情况，当然还有一种可能是为了食物进行长久保存，将食物置于铜鋞中，再将铜鋞置于水池、冰窖冷藏。

1987 年出土于湖北省荆门市包山 2 号墓，现收藏于湖北省博物馆的两件战国中期的筒形铜尊，制作精致。其中一件铜尊口径 24.8 厘米，通

---

① 陈定荣：《酒樽考略》，《江西文物》1989 年第 1 期。

② 孙机：《历史中醒来：孙机谈中国古文物生活》，生活·读书·新知三联书店 2016 年版。

高 17.5 厘米，尊内髹朱漆，出土时尊内放置着若干家鸡的骨骼，可见应
该是盛食器。表 6 - 2 中台北故宫博物院的铜鋞，其鋞盖向下凹陷，中央
有一枚长钉，应是点灯用的火柱，筒状的器身似放灯油，器腹内却有一
堆鸡骨。筒形尊和铜鋞，同样内置鸡骨，或许反馈一信息：不同类型的
筒形器在一定场合下，可以变通作为盛器使用。

表 6 - 2 中个别筒形器，原称谓铜奁，也是值得商榷的。

东汉许慎《说文》："镜籢。《离监》切音廉，本作奁。"文中作注解
释为："镜匣也。"学者李贤标注："奁，镜匣也。"这些都是最早记载有
关奁内容的 古文献。[1]

汉代的漆器工艺鼎盛，我们能够看到出土的造型各异、种类繁多的
漆奁。南昌西汉海昏侯墓、长沙马王堆汉墓出土有彩绘双层九子漆奁
（图 6 - 13）。从考古资料来看，妆奁内部一般放置铜镜、梳子、篦、胭

图 6 - 13　彩绘双层九子漆奁　西汉　湖南博物馆

① 董天坛：《中国古代奁妆演变初探》，《西北第二民族学院学报》（哲学社会科学版）
2005 年第 1 期。

脂、小刀、白彩、香料、印章以及一些珍贵的小物品。铜奁盛行于汉代，多为圆形、直壁、有盖，一般器腹较深，下有三足，旁有兽衔环耳。漆奁是扁扁的，而带盖铜奁则显得相对高长些。因为奁是女性使用且常要随身携带，因此多用竹木材料制作，铜奁数量相对较少。

图6-14 广州沙河铜奁 西汉

即使是同时代、同区域出土的铜奁，形制上也有较大区别，如广州东郊沙河汉墓出土铜奁，高29.8厘米，口径18厘米，盖如圆锥形，盖顶中央有一孔雀开屏①（图6-14），有铺首和三足。而广州小谷围出土的西汉晚期到东汉早期的刻纹铜奁，②通高14.5厘米，口径16.8厘米，高度小于口径，相对矮扁，全器形象庄重，雕刻精工、绚丽多彩的纹饰图案，生动地反映了汉代长生不死、羽化升仙等思想。这两件铜奁，从器盖到器身，装饰突出，它们的功用与漆奁同，很大可能作为放梳妆用具的盒子。

奁和尊的区别，很多时候只是在于用途的不同，形制上区别并不大，例如北京故宫博物院所藏汝窑三足尊，《中国陶瓷全集》一书称之为汝窑三足奁。③ 更多时候需要结合出土器物进行判断，尊的出土实物中，常伴勺、杯子，而奁一般是镜子、梳子等梳妆用品。④

---

① 广州市文物管理委员会：《广州东郊沙河汉墓发掘简报》，《文物》1961年第2期。
② 吕良波：《广州小谷围出土刻纹铜奁的科学分析》，《广西民族大学学报》2015年第11期。
③ 李立宏：《汝窑三足樽与汝窑三足奁小议》，《装饰》2005年第10期。
④ 冒言：《樽奁辨析》，《文博》2008年第1期；刘芳芳：《樽奁考辨》，《东南文化》2011年第4期。

表6-2中收录了几件原称谓铜奁，但定名值得商榷的筒形器：辽宁抚顺县刘尔屯西汉墓、山东荣成梁南庄汉墓、汉长安城西汉窖藏和郑集镇赤湖台包子墓出土的铜奁，前面几件铜奁均身形修长且带提梁，高大于径，和其他铜鋞的尺寸相近。其中郑集镇赤湖台包子墓出土筒形器（原报告铜奁）尺寸，作为盛酒、温酒器似乎过小，若用来放置女性梳妆用品，则提梁显得多余，提梁和仅三厘米的口径似乎更像下文提及的泥篃。

表6-2中筒形器未将汉代铜提桶列入，主要考虑到铜提桶和铜鋞，从器形到功用差别较大。铜提桶是岭南地区土著文化中具有代表性的典型器物（图6-15）。铜提桶的共同特征为圆桶形，一般器身上口稍大，腰腹以下微收缩，矮圈足，子母口，拱形盖。器腹上部有两个对称的可系绳索的附耳，因形状像现代担水用的木桶，故名为铜桶。铜提桶的功用问题，黄展岳先生归纳有贮贝器、盛酒器、葬器之说，应该是一种多功能盛器。铜提桶在岭南地区的考古发掘中多有出现，曾在广州、肇庆、广西贵港、贺州等南越高级贵族墓中成组出土。1983年发掘的广州南越王墓，出土了九件铜提桶，有三件桶出土时，分别装有不同的动物骸骨。较为特殊的是其中一件铜提桶（图6-15中2），器身与同墓所出的铜提桶无差别，但附有提梁，为其他铜提桶所罕见，提梁由对称环耳套大圆环、衔和弓形铜条把手所组成，与铜鋞的提梁形式无别，有研究认为这件铜提桶是本地铸造但吸收了中原铜鋞提梁的形式。[①]

（二）铜鋞与泥篃

筒形器中还有一种特殊器形——泥篃。篃同"筒"，"泥篃"的名称来自陕西省博物馆一件器物自名。[②] 该器是1966年陕西省博物馆在西安征集的前凉升平十三年（369年）的"灵华紫阁服乘金错泥篃"（图6-16）。

① 黄展岳：《铜提桶考略》，《考古》1989年第9期。
② 秦烈新：《前凉金错泥篃》，《文物》1972年第6期。

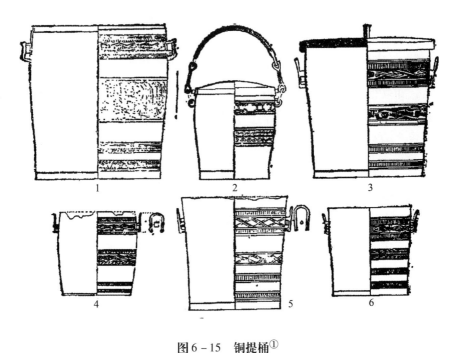

图 6 – 15　铜提桶^①

1. 南越王墓Ⅰ型　2. 南越王墓Ⅱ型　3、6. 罗泊湾一号汉墓　4. 肇庆松山墓　5. 广州汉墓

泥箮为储藏封泥的用具应无疑议，其个头虽小，却具有较强的时代性和功能性。从考古发掘资料来看，泥箮主要出土于两汉墓葬。随着魏晋时期造纸技术的发展和成熟，纸张大量流行，替代了之前的竹木简，印色盖印的新方法出现，替代了封泥的作用。封泥消失，收藏封泥的泥箮便失去了存在的意义。^②

　　泥箮加盖是为了减少其中封泥中水分的蒸发，保持一定的湿度，这样使用时才能"柔软可塑"。通常与泥箮配套的还有铜匕或铜杵，用于从箮中取泥；当封泥变干，需要加水时，也可用之搅拌，使泥湿度均衡。

---

① 李龙章：《广州西汉南越王墓出土青铜容器研究》，《考古》1996 年第 10 期。
② 王偈人：《泥箮浅议》，《东南文化》2013 年第 3 期。

赵宠亮先生对出土泥箭实物曾作过统计,[①] 详见附表1。

图6-16　前凉升平三年　金错泥箭　　图6-17　西晋邹城刘宝墓泥箭

　　除了前凉金错泥箭带足,其他泥箭均不带足。前凉金错泥箭,其造型、规格、纹饰、高径比也均与其他泥箭不同。该器物下有三短足,外饰金错龙虎纹。通高11.7厘米,其中足高2.1厘米,口径7.9厘米,重0.682千克,盖已佚。器底有金错铭文四十七字,记载有该器器名、制造地点、制造时间、监工官员、错金匠以及铸造匠的名字。前凉金错泥箭的箭身有三个圆耳(钮),中耳略比两侧耳低0.3厘米,提起中耳之绳,箭口自然倾斜,方便探取封泥。[②] 从字铭来看,该泥箭为帝王宫中所用之物无疑。前凉金错泥箭容量、等级都远高于其他素面泥箭。作为唯一带有三足及错金纹饰的泥箭,其使用方法与其他泥箭略不同:其应该是平稳放置于桌案上使用的,而其他泥箭盖顶中央位置和盖身接近口沿位置各有一圆形穿(钮),推测两穿之间以丝绳联系,多悬挂于使用

① 赵宠亮:《也说泥箭》,《东南文化》2014 年第 2 期。
② 秦烈新:《前凉金错泥箭》,《文物》1972 年第 6 期。

者腰间，便于携带。

从泥箭的器形大小和结构来看，其本身无法存放太多的封泥。泥箭与铜鋞外观形似，但尺寸大小有明显差异，无提梁，有用于装链的钮，多不带足。附表中山东邹城刘宝墓 M1∶38 泥箭（图 6-17）尺寸略大，根据发掘报告的描述①：圆筒形，子母口、深腹、平底，口部有左右对称的双鼻，内有铁链的残痕。上部为盖，顶部为穿鼻形捏手，内有铁链残痕。通高 17.7 厘米，直径 8.4 厘米。其顶部鼻形捏手和器身对称的双鼻有铁链的残痕，并不能说明就是泥箭，咸阳博物馆的一件提梁三足筒形器，我们认为其属于铜鋞，这与发掘者根据器内近口沿处有灰白色痕迹，推测此器原应盛有酒或水等液体是一致的，该器顶部衔环和器身衔环就都有铁链（见表 6-2）。刘宝墓 M1∶38 筒形器，与表 6-2 中海昏侯墓出土的铜鋞的结构、尺寸极为接近，个人更倾向刘宝墓 M1∶38 属于铜鋞而非泥箭，其对称的双鼻铁链可用于连接铜鋞的提梁。

排除山东邹城刘宝墓泥箭，前凉金错泥箭口径在所有泥箭中最大，这或与其代表的等级、带足设计以及桌案放置有一定关系。从附表可以看出其他泥箭规格非常集中，高度集中在 10 厘米左右，泥箭口径均在2.1—4.8 厘米，又以 3.5—4 厘米居多，泥箭高度与口径比值有一定变化规律。西汉和东汉早中期差别不大，高径比例在 2.2—2.8 之间。东汉晚期比值则在 3 以上。这些数据可以作为我们判别泥箭的参照。

二　铜鋞功用的新推测

中国古代藏冰、用冰开始的时间，目前无法确认。然据有关史籍记载，至少可以上溯到西周时期。

先秦文献《诗经·豳风·七月》载："二之日凿冰冲冲，三之日纳

---

① 山东邹城市文物局：《山东邹城西晋刘宝墓》，《文物》2005 年第 1 期。

入凌阴。"① 凌阴，冰窖也。凌阴中所藏之冰的来源，《左传》载："其藏冰也，深山穷谷，固阴沍寒，于是乎取之。"②《周礼·天官·凌人》载："凌人掌冰。正岁。十有二月。令斩冰。三其凌。春始治鉴。凡外内饔之膳羞鉴焉。凡酒浆之酒醴亦如之。祭祀共冰鉴。""三其凌"本意是指为了抵消从收藏到使用这段时间内冰的存耗，冰的藏贮量要相当于夏季使用量的三倍。先秦时期，周人已有藏冰之俗，到了春秋战国时期，则表现出一种日益发展的趋势。"凌人掌冰正，岁十有二月，令斩冰，三其凌。春始治鉴。凡外内饔之膳羞，鉴焉。凡酒浆之酒醴，亦如之。祭祀，共冰鉴。宾客，共冰。大丧，共夷槃冰。夏颁冰，掌事，秋刷。"③ "凌人下士二人，府二人，史二人，胥八人，徒八十人。"④ 掌管有关藏冰、出冰的官员，叫凌人，自西周以降，历代均有专职"掌冰"的官员。从西周主要用于祭祀中祭品的供冰，到春秋战国时期藏冰消暑之俗更为盛行，多见于食物、饮品的冷藏保鲜之用和尸体的防腐，不只是王室，诸侯、卿大夫和一般富贵之家也多有所为。⑤

　　凌阴不仅见于文献当中，考古发掘也有凌阴遗址出土，如陶寺宫殿区的凌阴遗址，发现有之字形坡道、储冰池、存取冰块的栈道等遗迹，何驽先生认为该遗址是陶寺早期的凌阴建筑。⑥ 安阳殷墟大司空窖穴遗址⑦、陕西凤翔雍城凌阴遗址⑧、郑韩故城凌阴遗址⑨、陕西千阳县尚家

① （春秋）孔子著，张丽丽主编：《诗经》，北京教育出版社 2015 年版，第 136 页。

② 吕思勉：《吕思勉文集　读史札记上》，译林出版社 2016 年版，第 250 页。

③ （西周）姬旦著，钱玄译注：《周礼》，岳麓书社 2001 年版，第 47 页。

④ 吕友仁译著：《周礼译注》，中州古籍出版社 2004 年版，第 2 页。

⑤ 王育成：《先秦冰政辑考》，《郑州大学学报》（社会科学版）1988 年第 3 期。

⑥ 何驽：《尧都何在？——陶寺城址发现的考古指正》，《史志学刊》2015 年第 2 期。

⑦ 岳洪彬、岳占伟等：《河南安阳殷墟大司空遗址发掘获重要发现》，《中国文物报》2005 年 4 月 20 日第一版。

⑧ 陕西省雍城考古队：《陕西凤翔春秋秦国凌阴遗址发掘简报》，《文物》1978 年第 3 期。

⑨ 河南省文物研究所：《郑韩故城内战国时期地下冷藏室遗迹发掘简报》，《华夏考古》1991 年第 2 期。

岭行宫凌阴遗址①、汉长乐宫凌室遗址②也都发现有相关的凌阴遗址。秦都雍城凌阴的地下，埋有陶质水管，冰库内融化了的冰水，可以顺着水管排入外界的河沟，减少对冰室内环境的干扰和破坏。③

考古发现的新郑地下建筑遗存，系战国时期韩国宫廷的窖室。④ 其地下室内偏东侧分布着南北成行的五眼井，井圈直径 0.76—0.98 米，井深 1.76—2.46 米，井和井间的距离 0.30—0.65 米，井内出土的遗物有豆、钵、罐、盆、釜、筒瓦、板瓦、凹槽砖等陶器残片，以及猪、羊、鸡等畜禽骨骼。地下室和井中出土的陶器残片上，刻有"脒""左脒""公脒吏"等陶文，"脒"即"厨"之异文，亦读作"厨"，"公"为"宫"字之假，"公脒"即"宫厨"。宫厨分为左厨、右厨，即陶文上的"左脒""右脒"。"公脒"系宫中执事机构，"公脒吏"是这个机构中的官吏。⑤ 显然此地下建筑，与古代冰室、冰厨等有着密切的关联。郑韩故城冰井的设计，则更为高明，地下铺以带有凹槽的方砖，融化的冰水可以顺槽流动，同时冰室之内又置深井，藏冰融水可以就地入井自渗，不仅免去了排水之麻烦，而且冰水入井自渗，同样也起到了抑制地库温度上升的作用。古代的冰室建筑很可能有自己的排水或渗漏设施，来解决藏冰融水的出路问题。《汉书·艺文志》载："大秦国有五宫殿，以水晶为柱拱，称为水晶宫，内实以冰，遇夏开放。"即是利用天然冰对空气进行降温，可视为最早的空调房间。凌阴储冰不仅为消暑避夏之用，更为颁冰、祭祀、丧葬等国家礼仪提供保障。除此之外，凌阴的储藏、保鲜功能也为延长食物的保质期提供了条件。从先秦到明清，凌阴的构

---

① 陕西省考古研究院、宝鸡市考古研究所等：《陕西千阳尚家岭秦汉建筑遗址发掘简报》，《考古与文物》2010 年第 6 期。

② 中国社会科学院考古研究所汉长安城工作队：《汉长安城长乐宫发现凌室遗址》，《考古》2005 年第 9 期。

③ 辜琳：《秦都雍城布局复原研究》，硕士学位论文，陕西师范大学，2012 年。

④ 马世之：《春秋战国时代的储冰及冷藏设施》，《中州学刊》1986 年第 1 期。

⑤ 黄盛璋：《公脒鼎及相关诸器综考》，《中原文物》1981 年第 4 期。

筑方式基本未发生变化，其降温隔热功能基本保持不变。[1]

除冰室、冰井具有储藏、保鲜功能外，出土的"冰鉴""青铜凌穿"这类器物，也具有冷藏保鲜功用。目前考古材料显示，铜鉴是从春秋晚期开始出现，一直延续到汉代。[2] 先秦铜器当中，以"鉴"自铭者颇多。1955 年安徽省寿县蔡侯墓就出土了两件形制相同的春秋晚期的吴国青铜器——"吴王光鉴"，器物铭文表明此鉴是吴王阖闾为叔姬寺吁嫁给蔡国所做的媵器，鉴内有圆形尊缶和匜形勺，尊缶盛酒，匜形勺挹注，尊缶与鉴的间隙置冰，用以冰酒。同墓另有五件"吴王夫差鉴"（包括残片），形制与之相似，是吴人宴饮用冰的实物证据。1978 年湖北随州曾侯乙墓也发现两套形制、纹饰相同的铜鉴缶，又称"冰鉴"（图 6-18），分别重 168.8 千克、170 千克，与圆形的吴王光鉴不同，此鉴缶由方鉴和方缶两部分组成，方缶置于方鉴正中。鉴、缶器壁上均有"曾侯乙作持用终"铭文。出土时两套鉴缶并列，上置一勺。这也是迄今所见到的先秦时期形制最大、保存最完整、铸造最精美的冰酒用具，被誉为中国迄今为止最古老的"冰箱"，现分藏于湖北省博物馆和中国国家博物馆。

《楚辞·招魂》云："挫糟冻饮，酎清凉些。"王逸注曰："言盛夏则为覆蹙干酿，提去其糟，但取清醇，居之冰上，然后饮之。酒寒凉，又长味，好饮也。"当时的酒属于米酒类，我们知道，米酒在高温下非常容易发酸变质，古人便制作出鉴缶，利用鉴与缶之间的空间放置冰块，使缶中之酒，变得清凉可口且不易变质。

古人依靠冰块降温，使得酒酿、食品保鲜的经验由来已久。有学者认为，西汉铜鋞的功用可能与我们现在使用的送饭保温筒类似。[3] 笔者更倾向于认为，铜鋞是保持其内酒酿或食物凉爽新鲜的盛器。铜鋞祖型为竹筒，竹筒除了盛水，常用来从水井中提水。铜鋞修长，带提梁，很

---

[1]　段清波、张琦：《中国古代凌阴的发现与研究》，《文博》2019 年第 1 期。
[2]　高明：《中原地区东周时代青铜器研究（中）》，《文物与考古》1981 年第 3 期。
[3]　曹斌、罗璠：《西汉海昏侯刘贺墓铜器定名和器用问题初论》，《文物》2018 年第 11 期。

图 6 - 18   曾侯乙铜鉴缶

大程度上可能继承了这一特点。体量小且带提梁，便于上下提拉移动，小口径、深筒腹利于保温，三足设计利于其在上下移动和放置过程中重心稳定。铜鉴多出自贵族墓，无疑更是贵族奢华生活的反映，借助冰或冷水更好地保持醴酒的口感，像今人喝冷藏啤酒。铜鉴、铜尊同样作为与酒相关的盛器，使用上或有一定的关联性。我们猜测，很大可能是将铜鉴内放置酒酿或食物，用钩子或绳索挂住提梁，将其送下冰窖，使用时再提出，提升上来的冷藏酒可以再倒入铜尊，供贵族享用。这也能较好解释了前面提到的辽宁抚顺和台北故宫的铜鉴内有禽骨的现象，同时也是与考古发现的冰室、冰井相呼应的一种青铜盛器。

三 铜漏中的筒形结构

汉代铜漏，也是筒形器的一种。为适应和方便生活需求，古人发明和制造了计时工具。我国古代计时器主要有日钟和水钟两种方式。有太阳的时候，日钟较为方便，如圭表、日晷等，需要用到太阳的影子来计算时间，然而遇到阴雨天或黑夜，这种计时器便失去作用。在阴雨天只能使用水钟，漏刻属于其中的一种。漏刻是以筒盛水，利用水均衡滴漏的原理，观测筒中刻箭上显示的数据来计算时间，其不受日光限制，显然使用更为方便。因此在古代日钟和水钟是互相校正、配合使用的。

作为古代的一种计时工具，漏刻发明的年代已不可考。《周礼》中就有掌管漏刻的世袭官职和漏刻使用场合的记载。[①] 漏刻由漏壶和刻箭两部分构成，漏刻也称箭漏，箭即刻有时刻的标杆，也称为刻箭。制作刻箭的材质应该质轻、结实，在水中长期浸泡也不变形。使用时，首先在漏壶中插入一根刻有时刻的箭。箭下以一只箭舟（或木块）相托，浮于水面。当水流出或流入壶中时，箭杆相应下沉或上升，以壶口处箭上的刻度指示时刻。"漏"是指计时器——漏壶，"刻"指日以下的时间单位，古代以一昼夜为100刻。漏壶浮箭上刻的就是这种时间分隔线。"孔壶为漏，浮箭为刻"，故称漏刻。

漏刻又分沉箭漏和浮箭漏两种，沉箭式漏刻由一个单壶组成，壶中垂直插入一个能上下浮动并带有刻度的标尺即浮箭，当漏壶泄水时浮箭下降从而显示时间（图6-19）。而浮箭式漏刻由泄水壶和受水壶两部分构成，受水壶中插入可以上下浮动的浮箭，因而又叫箭壶，工作时泄水壶的水流入箭壶中，箭壶中的浮箭随之上升，其上显示的刻度会不断变化，从而指示时间。根据原理漏刻又可称为泄水型漏刻和受水型漏刻。早期多为泄水型漏刻，水从漏壶孔流出，漏壶中的浮箭随水面下降，浮箭上的刻度指示时间。受水型漏刻的浮箭在受水壶中，随水面上升指示时间，为了得到均匀的水流，可设置多级受水壶。

目前为止，我国考古发现最早的一批铜漏实物均为汉代的漏刻。它们分别是内蒙古伊克昭盟（今鄂尔多斯市）出土的"千章铜漏"、河北省满城刘胜墓出土的"满城铜漏"、陕西省兴平出土的"兴平铜漏"、山

---

① 马怡：《汉代的计时器及相关问题》，《中国史研究》2006年第3期。

东省巨野县出土的"巨野铜漏"和陕西出土的"凤栖原铜漏"。

巨野铜漏高近 80 厘米, 圆筒形, 方唇, 直壁, 素面。腹部饰有两对称铜环, 距器底 5 厘米处有一圆孔 (图 6 - 20)。此漏是我国目前出土同类器物中最大的一件。由于巨野铜漏无足无盖, 与其他铜漏的特征明显不同, 目前被公认为是浮箭式铜漏的供水壶, 而河北满城铜漏、内蒙古伊克昭盟 (今鄂尔多斯市) 千章铜漏和陕西兴平铜漏、陕西凤栖原铜漏均为泄水型铜漏。

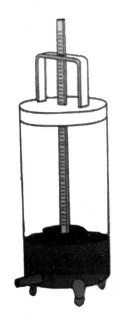

图 6 - 19　单漏原理示意图

图 6 - 20　巨野铜漏　巨野博物馆

出土于河北满城西汉中山靖王刘胜之墓的满城铜漏 (图 6 - 21), 圆筒形, 下有三足, 通高 22.4 厘米, 该铜漏筒形壶身接近壶底处, 有一外通的流管, 已残断。器盖上有方形提梁, 器盖和提梁有正相对的长方形小孔各一, 作为穿插刻有时辰的标尺之用, 筒形壶中的水从流管流出, 标尺逐渐下降, 可观察刻度变化来知道时辰。

千章铜漏[①]（图6-22）：在内蒙古伊克昭盟（今鄂尔多斯市）杭锦旗沙丘内偶然发现的，现收藏于内蒙古自治区博物馆内。该漏壶的壶内底上铸有阳文"千章"二字，壶身正面阴刻"千章铜漏"四字。此漏壶是西汉成帝河平二年（公元前27年）四月在千章县铸造的。后来又在第二层梁上加刻"中阳铜漏铭"，中阳和千章在西汉皆属西河郡。千章铜漏通高47.9厘米，壶身圆筒形，内深24.2厘米，径18.7厘米。近壶底处下斜出约23°的一断面圆形流管。壶身下为三蹄形足，盖上有双层梁，壶盖和两层梁的中央有上下相对应的三个长方孔，用以安插浮箭。

图6-21　满城铜漏

图6-22　千章铜漏

兴平铜漏[②]（图6-23）：陕西省兴平县砖瓦厂工地上挖土制瓦时，

---

① 伊克昭盟文物工作站：《内蒙古伊克昭盟发现西汉铜漏》，《考古》1978年第5期。
② 兴平县文化馆：《陕西兴平汉墓出土的铜漏壶》，《考古》1978年第1期。

发现了这件铜漏壶，同时还出土有铜带钩、五铢钱、陶器等。据专家考证，其为西汉中期之物，故称"兴平铜漏"。兴平铜漏壶现收藏于陕西省茂陵博物馆。该铜漏圆筒形，素面，上有提梁盖，下有三足，壶下部有一流管。通高32.3厘米，壶盖直径11.1厘米，盖沿高1.7厘米。梁、盖的中央有正相对应的长方形插孔各1个，用以穿插带刻度的标尺。据考古资料报道，在该铜漏内壁流管处，还发现有4平方厘米大小的不规则形状的云母片，初步猜测其有可能是用于控制水流量的。

西汉海昏侯墓也出土有一铜漏[①]（图6-24）：盖圆形，平顶，盖顶上有一长方形提梁，提梁上有一长方形孔，与盖顶中央长方形孔上下对应。通高38.6厘米，口径18.5厘米，壶身下部有一流管。

图6-23　兴平铜漏　　　　　图6-24　海昏侯铜漏

---

① 曹斌、罗璇：《西汉海昏侯刘贺墓铜器定名和器用问题初论》，《文物》2018年第11期。

　　凤栖原铜漏①是 2008 年陕西省考古研究院凤栖原考古队，为配合西安航天工业园区的建设，对园区的汉墓群进行清理时，在 K4 陪葬坑发现的一件铜漏壶（图 6 - 25）。凤栖原铜漏为圆筒形，方形单提梁盖，下有三只蹄形足。漏壶通高 52.6 厘米，壶内深度 34 厘米，壶身口径 21 厘米，壶盖及梁总高 17.5 厘米，提梁高度 14.2 厘米，壶盖外径 22.5 厘米，图 6 - 26 是修复后完整的器形。

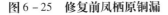

图 6 - 25　修复前凤栖原铜漏　　　　　图 6 - 26　修复后凤栖原铜漏

　　汉代以前的壶都是小口长颈，大腹小底，很难计算水高低的量度。所以古人在长期实践中选取直上直下的筒形器作漏。壶中的水从流管流出，标尺逐渐下降，可观察时辰之变化。相比上述几件铜漏的尺寸，汉代还出现有微型"汉银漏"，② 漏高仅 12.5 厘米、径 6 厘米。说明汉代

　　① 杨忙忙：《汉铜漏壶的保护修复及相关问题探讨》，《文物保护与考古科学》2016 年第 4 期。
　　② 王振铎：《西汉计时器"铜漏"的发现及其有关问题》，《中国历史博物馆馆刊》1980 年第 1 期。

金属漏的容量并没有一定标准。

上述几件西汉铜漏,高度都不是很高,壶深度均在二三十公分,都属于小型单壶泄水型沉箭漏。根据液体浮力定律,漏壶在滴漏过程中,随着容器中水量的减少,浮标指示的刻度也会随之发生变化,从而显示时间。当器内液体不断减少时,液体对器壁的压力也会不断减少,漏壶滴水的速度将会逐渐减慢,所以刻箭上的刻度应是不均匀的,由下向上的刻度应是逐渐变密的。这也正是西汉时期经常使用日晷校正漏壶的原因。对千章铜漏,李强先生通过实验和文献研究,① 发现用这种漏刻来计量全天时刻,则愈往后愈见其拙。它只能是记录了某件事的大致所用时间,绝不能与十二辰制和十八时制配套使用。从一壶水装满到泄放结束,估计用一个时辰或仅有一、二刻钟,壶中水量排放从满壶到浅,先后流量不一,故其计时精度不会高,只能在日常生活中,作为粗略的时段计时工具,即仅仅笼统记载一段时间而已。它意味着之后有更为先进的计时器——东汉多级受水壶的出现,后者通过上面漏壶的水源源不断地补充给下面的漏壶,使下面漏壶内的水均匀地流入箭壶从而得到更精确的时刻。

受千章铜漏研究的启发,我们推测兴平铜漏中流管中放置云母,或许就是为了缓冲水压,起到减缓水流的作用。作为铝硅酸盐矿物的云母,可以制作成柔软而富有弹性的薄片,具有极好的抗压性能,开始壶中水量大,流口处的云母对水压起到缓冲作用,间接抑制流速,从而保证先后流速尽量一致。但此推测成立与否,还有待于更多的考古材料甚至模拟实验来说明。

要让一定容积的水,在一定时间内流完,控制流速显然成为关键,凤栖原铜漏的修复过程使得我们可以清楚地了解其内部。

其一:水孔设计在流管终端面的中心位置,与水平面6°的夹角斜向

---

① 李强:《论西汉千章铜漏的使用方法》,《自然科学史研究》1986 年第 1 期。

下伸出，根据重力作用，水会自然地顺势流出，发生堵塞的几率是非常小的。即便有水垢，也往往会沉积在流管底部，一般不会发生堵塞。

其二：流管外观为圆柱形，内部为空心，从壶身至外流管依次变细。流管长7.5厘米，端口直径2.5厘米，流孔孔径0.12厘米。图6－27是从外看到的流管口，图6－28是从壶内看到的流管口。水中含有大量的钙、镁离子，漏壶长时间使用后，往往会结下厚厚一层水垢，从而堵住流管口。而内口敞开的流管设计较好地解决了这个问题，对于出水孔径仅为1.2毫米的流管，即使内部结了水垢，从筒形器里头仍可以方便地进行清理。

漏壶在汉代仅为达官贵族所使用，是珍贵的实用器物，目前漏壶的出土数量也说明了这一点。即使在科技高度发达的今天，它的设计仍体现出合理性和科学性：三个蹄形足的设计，使得器物重心靠下，保证器

图6－27　从壶外看到的流管口

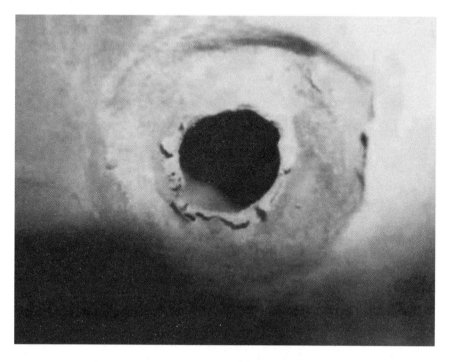

图 6-28　从壶内看到的流管口

物稳定性，同时蹄形足的设计，方便天寒地冻时，在漏壶下放置炭火烘烤；上下均匀直筒形和流管小孔设计，最大限度保证了水均匀地流出，便于标尺的观察和计时准确；同时壶的筒形设计，一方面方便浮箭安置，另一方面使得流管清洗更为便利。汉代铜漏将筒形结构的优点，发挥得淋漓尽致。

第四节　蒸馏器对筒形器的借鉴

　　海昏侯墓和张家堡墓出土的蒸馏器的上分体，无疑也是筒形器的一种。在壁画材料中，经常能看到反映两汉生活的宴饮图，其中盛酒器几乎都是筒形酒尊。铜鋞可作为盛酒器、与冰井结合可以对内容物进行降温保鲜。带有筒形上分体的蒸馏器，模拟实验也证实可用来蒸酒，筒形器某种意义均和酒或液体相关，它们之间是否存在某种程度的借鉴？

　　筒形器最早来自对竹甗外形的效仿。《初学》引《河图》曰："少室之山，大竹堪为甗器。"① 除了文献对竹甗的记载，考古材料也为我们提供了窥其一斑的机会，河南密县打虎亭一号汉墓出土的壁画（图6-29）可看到这种竹甗。在长方形灶台上，分布着四个灶口、四个火门，每个灶口上有正在进行加热的釜、甗，灶台最右边那个则为竹甗。其用竹子编制圆筒为一层，然后摞叠成长筒形。图中竹甗的盖子也是穹庐式。这种竹甗的外形及蒸煮过程中的生活经验的累积如揭盖时很容易观察到冷凝的水珠，为筒形器的出现提供了最初的借鉴。

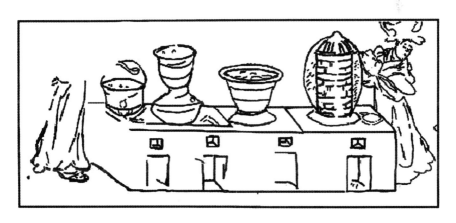

图6-29　河南密县打虎亭一号汉墓东耳室北壁石刻画像摹本②

　　就考古材料来看，出土的铜鋞的年代普遍早于铜漏年代，铜漏的年代多早于出土蒸馏器年代，或许它们之间有着结构上的借鉴。铜鋞借助上下粗细一致的身形，便于在筒形的"冰井"中上下移动、提拉。铜漏作为内部结构较为复杂的筒形器之一，更是借助筒形器均匀一致的身形，

---

① 王子今：《试谈秦汉筒形器》，《文物季刊》1993年第1期。
② 河南省文物研究所编：《密县打虎亭汉墓》，文物出版社1993年版，第143页。

才能保证水均衡滴漏，从而进行计时。同时，筒形结构内部易于加装标尺和浮箭等。流口大小、方向、形状的设计是和器物使用初衷相对应的，铜漏上的流口多下斜且口径细小，是为控制水流量和水流出的速度、延长计量时间。张家堡和海昏侯蒸馏器中的筒形上流口的口径，比铜漏的流口口径大，且流口方向向下，显然是加快液体外排速度，以收集更多的冷凝液。蒸发还需要通过冷凝才能实现蒸馏目的，在这个过程中，设计的重心应是如何让气体快速冷却，张家堡和海昏侯蒸馏器上筒形器的这种直壁深腹的设计，利于蒸汽不受阻挡快速上升和冷凝液快速下落。

从铜鋞——这种筒形器借助外部水或冰来降温内盛液，到铜漏——小口径流口排水，借助内部水流出，引起浮箭刻度变化来计时，再到汉代蒸馏器中的筒形器——大口径流口用来排出冷凝液，利用水介质降温，帮助冷凝，本质上，都是借助筒形装置的直壁的结构，实现对冷水的利用。从机械制造的角度看，圆筒形的容器有着明显的优点：制造容易，且便于在内部设置工艺部件；同样体积，筒状器物制作时，最为省材料；使用过程中，筒状器更不容易损坏和出现缝隙渗漏；圆筒形容器好清洗，不容易留有死角。古人在生产、生活实践中会逐渐认识到筒形器的诸多优点，筒形器作为跟液体打交道的容器，防渗、防破损尤为重要，而筒形器无疑是最好的选择。

筒形器因其具有制作省料、易于内部加工、粗细均匀便于计量、防渗漏、易清洗等诸多优点，成为汉代诸多器物的首选。从铜鋞这种借助外部冷水或冰降温的筒形器，到利用冷水进行降温，从而加速蒸汽冷凝的筒形蒸馏器，不同的筒形器均是借助冷水而衍生出来的设计思路，也从一侧面反映出古人的智慧。汉代各类青铜材质的筒形器与百姓无缘，无疑是贵族阶层的独享，是他们享受生活的体现。但多种多样的筒形器，丰富了我们对汉代物质文化资料的认识。

第五节　蒸馏器的取象与汉代造物观

张家堡和海昏侯蒸馏器的筒形设计，受到了当时各类筒形器的影响和启发。筒形蒸馏器及其他筒形器的取象，也从某种程度上反映了当时社会的造物特点。

新石器时期，筒形器就已出现。安徽凌家滩遗存、大汶口文化、红山文化、良渚文化等都出土了大量的陶质、骨质、玉质筒形器，这类筒形器中空，无盖无底（图6－30），代表着鬼神崇拜、沟通天地的宗教信仰，[①]具有"绝天通地"的功用，通常被视为是祭祀用器或是巫觋的法器。

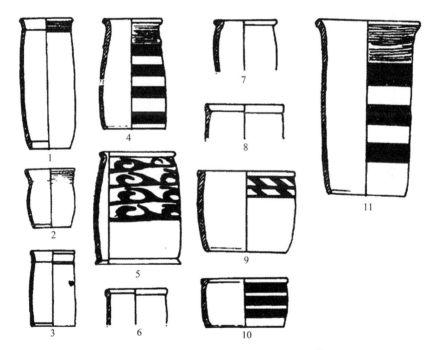

图6－30　红山文化出土的陶质筒形器[②]

①　杨雪：《中国新石器时代筒形器文化的研究》，硕士学位论文，辽宁大学，2012年。
②　郑红：《红山文化筒形器研究》，《辽宁文物学刊》1997年第1期。

铜质筒形器最早见于商末周初，东周时较为少见，盛行于两汉，衰于魏晋。铜质的筒形器有底，多带盖，是实用器，和新石器时期的筒形器在功用上并无联系。汉代是历史上筒形器出土种类和数量最多的时期。这些在汉代大行其道的各类实用筒形器，显然是为了满足贵族阶层更高生活品质和享乐的追求，基本与百姓无缘，无疑是贵族阶层享受生活的体现。汉代的筒形器，圆筒直壁，纹饰大多较简单，往往只有几条带状纹，表现出一种朴素的美感。

古人观天地万物以造文字，造器物亦多仿照自然之物。《易经·系词》中说："圣人之道四焉：以言者尚其词，以动者尚其变，以制器者尚其象，以卜筮者尚其占。"① 这是古代关于观象制器的最早记载，此处之"象"，可指卦象或自然之象，观象被视为古人制造器物的一项必要步骤，所造器物乃是模仿自然，并与人类思维结合的产物。《庄子·天道》："夫尊卑先后，天地之行也，故圣人取象焉。"宋人所著《通志》也有类似记载，其云："古人不徒为器也，而皆有所取象，故曰'制器尚象。'"② 筒形器的制作，也应有所取象。商末周初时出现的铜筒形器，以铜筒形卣为多，陈梦家认为这种筒形卣的祖型是竹筒。③ 王子今认为汉代铜筒形器也取象于竹筒。④

秦汉时期，竹筒为器的现象是比较普遍的，竹筒可用作盛酒器、甑和煮器等。这点可从出土的材料得到印证，湖北云梦睡虎地、云梦大坟头、江陵凤凰山及甘肃武威磨嘴子等地的秦汉墓葬，出土了数十件竹筒，多有盛装食品或液体的痕迹。筒形器的制作较其他器形相对简单，最重要的是取材便捷，使用轻便。广西贵县罗泊湾一号汉墓，出土形似竹筒的铜竹节筒形器（图6-31），上腹有铺首衔环一对，系活链提梁。器身

---

① （商）姬昌著，宋祚胤注译：《周易》，岳麓书社2000年版，第335页。
② （南宋）郑樵：《通志（第一册）》（卷四十七），中华书局1987年版，第607页。
③ 陈梦家：《西周铜器断代》上册，中华书局2004年版，第525—539页。
④ 王子今：《试谈秦汉筒形器》，《文物季刊》1993年第1期。

分两节，拟竹节形。器表漆彩画。每节分成两段，每段自成一完整画面。画面有人物、禽兽、花木、山岭、云气。盖饰勾云纹，底足饰菱形纹，通高 42 厘米，底径 14 厘米。器形和纹饰，很明显是受到竹筒的影响。

图 6-31 广西贵县罗泊湾一号汉墓出土的铜竹节筒①

　　造物是一种艺术活动，浸透着造物主体——人的理想、观念和美感。② 造物活动一方面取决于人的因素，另一方面取决于社会结构、经济体制、加工技术或其他客观原因。③ 汉代诸多筒形器也是那个时代造物观的一种体现和展示。

　　前文探讨了炼丹术对汉代蒸馏器的影响，道家思想和理念也映射在

---

　　① 广西壮族自治区文物工作队：《广西贵县罗泊湾一号汉墓发掘报告》，《文物》1978 年第 9 期。

　　② 张道一：《张道一选集》，东南大学出版社 2009 年版，第 250 页。

　　③ 兰方、顾平：《造物学视阈下的汉代建筑明器研究》，《艺术设计研究》2015 年第 2 期。

造物活动中。炼丹及服用丹药是古人追求长生，追求与天地自然同寿的重要途径。东汉魏伯阳总结前人炼丹经验及理论，将易学、黄老学说融入炼丹过程中，著成《周易参同契》一书。书中描述了炼丹所用的鼎器，"圆三五，寸一分，口四八，两寸唇，长尺二，厚薄匀"①。汉代的炼丹鼎器的尺寸及造型以及炼丹过程，蕴含了两仪、四象、阴阳、五行、八卦、十二时辰等思想学说。② 制器、炼丹的过程都杂糅着道家思想。而汉代蒸馏器的蒸馏过程，和炼丹过程有许多相似之处，如都需要用到水、火、药。炼丹中用到的是矿物药，蒸馏中有植物药、花瓣、发酵酒。汉代的酒被视为"百药之长"③，和别的丹药一样，其被赋予了助人延年益寿的功能。再比如，两者都经历了物相的变化，炼丹时，汞经历升华，然后冷凝；蒸馏时，蒸料的馏分首先蒸发、汽化，然后在空气和水冷凝作用下液化。

　　道家"两仪"思想在筒形套合装置中的体现，两仪即乾坤或阴阳。《周易参同契》云"天地设位，而易行乎其中矣。天地者，乾坤之象也；设位者，列阴阳配合之位也"④，唐代人所著的《参同契无名氏》中注释说："乾为天上鼎盖，坤鼎地下盖，药物在其中运行变化是谓易行其中，鼎唇作雌雄，相和阴阳是雌雄配合也。"⑤ "鼎唇作雌雄"说明丹鼎的组合是子母口，上鼎套入下鼎中。此外，《上阳子金丹大要》中还描述了另外一种炼丹器称悬胎鼎："偃月炉者，阴炉也……阳鼎，号曰悬胎，以其不着于地，如悬于灶中，此鼎入炉八寸，身腹通直，是曰阳鼎也。"⑥ 上悬胎鼎为阳鼎，下为阴鼎偃月炉，阳鼎最明显的特征就是身腹通直，而这形状恰恰为筒形。鼎炉组合的具体结构，我们很难得知，但

① 萧明汉、郭东升：《〈周易参同契〉研究》，上海文化出版社 2001 年版，第 299 页。

② 任融法：《试论〈周易参同契·鼎器歌〉》，《道教论坛》1994 年第 3 期。

③ （东汉）班固：《汉书》第一卷，线装书局 2010 年版，第 396 页。

④ 萧明汉、郭东升：《〈周易参同契〉研究》，上海文化出版社 2001 年版，第 65 页。

⑤ 容志毅：《〈参同契〉与中国古代炼丹学说》，《自然科学史研究》2008 年第 4 期。

⑥ （元）陈致虚：《上阳子金丹大要》，上海古籍出版社 1989 年版，第 64 页。

从"鼎入炉八寸"的描述中，可知鼎是套入炉中。而张家堡、海昏侯的上分体筒形器均以子口套入釜中，正是这种"乾坤鼎器"描述的实物例证。

道家"三才"思想的体现，三才的含义较多，古代哲学中一般指的是天、地、人，炼丹的悬胎鼎有头、足、身三部分，对应"三才"。道教经典《黄帝阴符经》则认为三才即天地、万物、人，书中有云"天地，万物之盗；万物，人之盗；人，万物之盗。三才即宜。三才即安"①。张家堡和海昏侯蒸馏器均由釜、筒形器、器盖三部分组成，不但合乎文献记载的炼丹鼎筒形的形状，更合乎道家所谓之"三才"。学者任融法作注说："天地滋养万物，万物由盛而衰，终归虚无，这是天地盗取了万物的生机；人为了追求生命的厚度，贪恋声色犬马，追名逐利，终身苦役，祸患赘赢，以至于轻易丧命，这是万物盗取了人的生命；人存在于天地间，是凭借火、风、地、水，万物的滋养得以形成生命和生存，这是人盗走万物的精华。"②"三才"之间的盗变，形成了一个动态的能量、物质转化的系统。③ 而这样的系统能量转变，在蒸馏器的蒸馏过程中，一样有所体现。蒸馏是传导热、传导质量的过程，釜中的水吸收火的热量，转变为蒸汽，蒸汽在上升的过程中遇到冷凝装置后，将热量传给冷却水，其自身则冷凝转变为液体。釜中液体减少，看到从流口流出液体增多。

汉代造物崇尚"圆"的理念。筒形器，周身直圆，形似竹筒，是古人"法自自然"心理的外化表现。中国古人崇尚自然，并热衷于探索和认识自然，认为"地如鸡子中黄，孤居天内"④，《周易》则说"乾为天，为圆"⑤。张家堡、海昏侯蒸馏器的器盖皆为圆形，恰是古人这种

① 任融法：《黄帝阴符经·黄石公素书释义》，三秦出版社1993年版，第64页。
② 任融法：《黄帝阴符经·黄石公素书释义》，三秦出版社1993年版，第65页。
③ 刘志：《〈黄帝阴符经〉变化观的探讨》，《道教论坛》2006年第1期。
④ 陈美东：《张衡〈浑天仪注〉新探》，《社会科学战线》1984年第3期。
⑤ （商）姬昌著，宋祚胤注译：《周易》，岳麓书社2000年版，第384页。

"天圆"理念的表达。古人在不断追求人与自然的和谐统一过程中，形成了"天人合一""天圆地方"的造物观，在造物中体现为"圆"的设计理念。① 儒家"中立而不倚"、道家"道法自然"、佛教"性体周遍越曰圆。轮回周无穷"，这些思想观念似乎与"圆"的图式相契合。② 汉代出现的诸多筒形器，或是"尚圆"观念在造物活动中的体现。

汉代造物以实用为本。汉代筒形器纹饰简单，多为带状条纹，甚至素面，是当时社会尚俭理念在造物活动方面的表现。汉代帝王推崇黄老之术，以无为而治的理念治国，生活所用的器物也追求实用为本和提倡节俭。汉初社会物质匮乏，"作业剧而财匮，自天子不能钧驷车，而将相或乘牛车，齐民无藏盖"③。文帝更是"亲率耕，以给宗庙粢盛"④。上行下效，汉初的统治者都比较节俭，这样的行为也影响着当时的社会风气。文景时期情况出现了改观，"民则人给家足，都鄙廪庾皆满，而府库余货财。京师之钱累巨万，贯朽而不可校"⑤，粮食多有剩余，国富民丰。尽管财富与粮食越来越多，但汉初的节俭之风已吹入人心和百姓的生活中。汉代中后期，经济与文化逐渐繁荣，但仍注重器物的实用性。⑥ 汉代造物追求实用，强调造物之目的是"用"，并通过造物艺术呈现出来。如海昏侯墓出土随葬品不可谓不奢华，但作为实用器的海昏侯蒸馏器，体型庞大，通体无纹饰，体现着大气与拙朴。当然，我们也看到，不少汉代贵族阶层用的带有豪华装饰的器物，往往是在实用的基础

① 潘婕、邸小松：《论唐朝尚"圆"造物观——以牡丹图案为例》，《大众文艺》2016年第18期。
② 曹海峰：《尚"圆"视域下"中国学派"动画传播的认同构建与启示》，《中华文化与传播研究》2019年第1期。
③ （西汉）司马迁著，夏华等编译：《史记上·平准书》，万卷出版公司2016年版，第159页。
④ （东汉）班固：《汉书》第一卷，线装书局2010年版，第39页。
⑤ （西汉）司马迁著，夏华等编译：《史记上·平准书》，万卷出版公司2016年版，第160页。
⑥ 王瑞芹：《汉代民俗文化观念对造物设计的影响——以徐州出土汉代造物设计为例》，《江苏师范大学学报》（哲学社会科学版）2017年第1期。

上，增添能体现其地位、身份的装饰，实现了审美与实用功能的统一。如前凉金错泥筩、通体鎏金的胡傅温酒尊、鎏金铜斛等，具有实用性又富有观赏性，更是财富和地位的象征。从汉代其他器物上也可以看到这种实用的造物观念。比如满城汉墓出土的长信宫灯，就是设计巧妙、外形华美的实用灯具。造型上以跽坐宫女为主体，宫女左手握灯座把，右手以衣袖罩灯。衣袖实为烟道，连通体内，吸纳烟炱。灯罩与灯盘可转动开合，便于调节灯光亮度和角度，灯盘、灯座及灯罩处皆可以拆卸。[①]长信宫灯表面通体鎏金，彰显出王室富贵雍容的气象，又兼具实用、环保、审美功能。

　　汉代造物设计中"材美工巧"是很明显的特点。春秋战国时期，人们已经逐步掌握了冶铁技术，目前已经发现了战国多处冶铁遗址，如沁阳下河湾冶铁遗址[②]、邯郸故城大北城战国冶铁遗址[③]、洛阳东周王城冶铁遗址[④]等。到了汉代，在冶铁方面，助熔剂应用于冶炼过程，耐火材料应用于冶炼炉，水利鼓风设备发明；陶范铸、铁范铸的应用，[⑤]诸多技术革新，推动了冶铁业的发展，出现了大量的铁质农具、兵器。考古材料显示，汉武帝前，铜制兵器和铁质兵器往往相伴出土，汉武帝之后，则以铁质兵器为主。[⑥]铁器逐渐占据了社会的主导。尽管汉代铁制品应用更为广泛，但筒形器的铸造却没有选择以铁为材质，其主要原因在于铜和铁理化性质的不同。生铁的脆性较大，适用面受限，青铜比铁制品更容易铸造成型；同时，筒形器的内部凹槽和流口的复杂设计，只有成熟的范铸青铜技术才能得以实现。对器物观察可知，早期蒸馏器的铸造

---

　　① 柳景龙：《浅析长信宫灯造物特点及对现代设计的启迪》，《西部皮革》2016 年第 38 期；石小波：《长信宫灯对现代设计的启示》，《美术教育研究》2013 年第 7 期。

　　② 河南省文物考古研究所：《河南沁阳县下河湾冶铁遗址调查报告》，《华夏考古》2009 年第 4 期。

　　③ 邯郸市文管所：《河北邯郸市区古遗址调查简报》，《考古》1980 年第 2 期。

　　④ 洛阳市文物工作队：《洛阳东周王城遗址发现烧造坩埚古窑址》，《文物》1985 年第 8 期。

　　⑤ 赵娅清：《汉代多枝形灯具的设计研究》，硕士学位论文，江南大学，2017 年。

　　⑥ 白云翔：《先秦两汉铁器的考古学研究》，科学出版社 2005 年版，第 210 页。

过程，采用了分铸、焊接、铆接等技术，后期还运用了打磨工艺。同时，我们知道，铜的化学性质比铁稳定，相对而言，后者更不耐久，尤其当其作为与液体打交道的盛器，在水或其他液体作用下更容易腐蚀和生锈。诸多因素决定汉代蒸馏器以青铜为材质，也反映出古人对合金材料和其对应的机械性能已经有了充分认知。

汉代造物具有明显的阶级性。汉代底层民众的造物，以满足实用为第一要素，会更加注重材料获取途径的方便与否，民间筒形器多为木质或竹质，如竹甑、木桶等。而高等级贵族，会因为原料获取的便利，以及拥有当时最先进的以铸造技术为代表的生产力，有足够的财力、物力、人力，来设计和完成以青铜作为材质的形式多样、功能各异的筒形器。

制器者"尚其象"，"造物取象"是古人造器的初衷。筒形器最初仿照自然的木材或竹子。汉代蒸馏器的结构设计中，蕴含了道家的哲学思想。周身直圆的筒形器，反映着汉代尚"圆"，追求天人合一的理念。青铜合金材料应用于蒸馏器的制作，巧妙精细的铸造细节，体现了汉代造物设计中"材美工巧"的特点。不同用途的筒形器制作，体现了汉代重实用的造物观。而包括蒸馏器在内的筒形器，是汉代贵族阶层的专属，无疑又映射出汉代造物具有明显的阶级性。汉代饮酒之风盛行，贵族阶层雄厚的财力，成熟的青铜铸造技术，为蒸馏器的出现提供了技术和财力的支持，贵族追求享乐的欲望是蒸馏器产生的直接动因。

秦汉时期竹子在我国广大区域盛产，竹器在社会生活中占据重要地位，造型受竹器影响的筒形铜器也较为普及，东汉后，我国气候转冷，黄淮流域广大竹林消退，魏晋以后筒形器逐渐稀见，[①] 民间用具基本绝迹。汉代的筒形器中的酒尊、铜鋞、铜奁等酒器，到了魏晋时期已经很难见，流传下来的也为宫廷或高等级贵族遗存。

筒形器在汉代大行其道，而在魏晋南北朝之后，渐渐退出历史舞台。

---

① 王子今：《试谈秦汉筒形器》，《文物季刊》1993 年第 1 期。

铜质筒形器的式微并非仅仅是因为北方竹林减少的自然因素，或许和一些社会原因相关。我们推测和魏晋南北朝时期铜料的缺乏、流行于各个社会阶层的饮茶之风以及茶具的需求，推进了瓷器业的发展，都对铜质筒形器的式微带来影响。

汉代是各种生活用具大发展的时期，筒形器在汉代社会生活中应用广泛，常见的就有多种类别如铜鋞、铜奁、铜尊、泥筩、铜漏等，对于筒形器的认识和命名，目前还存在一定分歧。上述也是对部分筒形器属性的初步辨析和区分。

铜尊口径多在 30 厘米以上，口径大，宽度大于高度是其最明显特征。较之铜尊，铜鋞体型则明显修长。铜鋞和泥筩外表有相似之处，但尺寸上存在明显差异，后者高度明显要矮，多在 10 厘米左右，口径多在 3.5—4 厘米。泥筩是一类特殊的专用容器，通常不需要提梁。铜尊与铜鋞造型、功用相近。铜鋞应是延续了竹筒的功用，很大可能是对酒或食物进行冷藏的盛器，铜鋞的提梁是为了方便从水井或冰窖提拉，其往往和酒尊配套使用，将铜鋞内冷藏保鲜的酒酿倒入酒尊供贵族享用。

汉代铜漏也是一类特殊的筒形装置，出土的汉代铜漏绝大多数为小型的泄水单漏。在日常生活中作为粗略的时段计时工具。但其筒形造型无疑为其细节设计和清洗提供便利。包括蒸馏器在内的筒形器在汉代大行其道，也是那个时代造物观的一种体现和展示。

第七章　结语

　　针对学界对部分出土器物存在属性和功用上的一些分歧，本研究从蒸馏原理和本质出发，对商代妇好汽柱甑、汉代"鏖甗"和"雍甗"属性进行辨析，确定它们蒸煮器的属性。

　　对张家堡墓和海昏侯墓出土的套合器进行仿制，并在此基础上进行蒸馏酒和花露的模拟实验，来探讨两件汉代套合器的蒸馏属性和蒸馏效率。首先，以大米为原料，分别进行半液态发酵、固态发酵，得到酒醪和酒醅，用于模拟实验的水下和水上蒸馏，测量得酒的度数，计算酒的产率和出酒速度。对市售月季进行水中蒸馏和水上蒸馏实验，得到带有芳香味的花露，再用气质联用仪对花露中所含的易挥发性成分进行定性定量分析。

　　实验表明，两件套合器均能连续完成包括加热、挥发、冷凝、收集在内的整个蒸馏过程，是蒸馏器无疑。

　　张家堡套合器仿制品 ZF，水中蒸馏得酒的最高度数为 50 度，水上蒸馏得酒的最高度数为 45 度，出酒率均大于 25%。海昏侯套合器仿制品 HF，水中蒸馏出酒的最高度数为 30 度，水上蒸馏得酒最高度数为 22 度，出酒率均在 23% 左右。其中 ZF 出酒率和得酒度数都高于金代蒸馏器和上海博物馆汉代蒸馏器。从度数上看似乎 HF 模拟实验蒸馏酒效果稍逊色，对此我们认为主要是因为仿制品的设计和制作的不足带来的。海昏侯原蒸馏器的蒸馏功效，远在仿制品模拟结果之上。

花露的提取，用到水蒸汽蒸馏，张家堡和海昏侯两件出土套合器应该均可以实现花露的蒸馏提取，据 GC-MS 分析，检测到特征香气成分大致相同。结果分析表明张家堡蒸馏器的致密性和冷却效果更好。

在模拟实验基础上，进一步对两件蒸馏器的结构与工作原理和方法进行详细探讨。张家堡蒸馏器器盖的上下部分连接的榫卯是活动榫卯，蒸馏过程中，蒸汽上升时，底座被触及，会发生振动或者轻微晃动，从而加速底座外表面冷凝液的下落。同时，榫卯结构应当是为了方便拆卸替换新的底座。水中蒸馏的方式更适合张家堡蒸馏器的结构设计。海昏侯蒸馏器注水口的设计，一方面便于及时续补注水，保证釜中水量恒定，同时也起到类似安全管的作用，满足水上蒸馏操作所需的饱和蒸汽。

结合发酵、酿造技术等，对两件蒸馏器蒸馏对象进行探讨，排除了海昏侯蒸馏器用于加工地黄、炼丹的可能，海昏侯蒸馏器用于蒸馏酒的可能性较大。张家堡蒸馏器可以用于水中蒸馏，也可以用于水上蒸馏，精细结构设计更倾向于水中蒸馏药物或花瓣。

从尺寸、构造、冷却器、冷却方式以及收集方式等多方面对几件不同时代出土的器物进行比对分析，寻找它们的关联与发展。几件蒸馏器的共性均由四部分组成：一、釜体部分，用于加热，产生蒸汽；二、甑体部分，用于酒醅或液体的装载；三、冷凝部分，冷凝器分为两种，一种是正置的天锅，另一种是采用倒扣的天锅。冷凝方式又有两种，即空气冷凝和水冷凝；四、收集部分，蒸汽冷凝液流出的地方。从西汉到金代这几件蒸馏器结构的套合、冷凝介质虽然有差别，但冷却器和接收方式都是一致的，从结构与原理上看是一脉相承的。蒸馏器的精细程度与墓葬等级对应，高等级墓葬出土的蒸馏器制作更精良、蒸馏效率更高。

汉代蒸馏器可分为两种：一种为甗式套合器，一种为筒形套合器，均上分体带流。通过分析套合器中上分体带流的设计直接带来的就是加热单元和冷凝、收集单元的明确分离，提出上分体带流的套合器就是最初蒸馏器（汉代）的观点。这两种套合器，前者都是空气冷凝，后者均为水冷凝，带流的筒形套合器，显然比带流的甗形套合器使用的级别要高很多。

对汉代蒸馏器出现的原因进行深入分析。蒸馏器套合装置，借鉴了分体甗上下釜套合的结构。合的时候保证蒸汽产生的连续，冷凝液收集的高效，分开时便于再次下料开始新的一轮操作。汉代社会粮食富裕，发酵、酿造工艺的普及和提高；抽砂炼汞实践对蒸馏、冷凝有了充分认识和积累；贵族阶层的享乐追求的需求，共同作用，导致汉代蒸馏器的出现。

针对中国古代蒸馏器外来说，将中国古代炼丹术和西方炼金术进行比较，前者有蒸馏技术的应用，后者是西方蒸馏器产生的土壤。中国古代炼丹术和西方炼金术，二者产生的社会和文化背景不同，虽然发展过程中，也发生过交流，如阿拉伯炼金术对中国古代炼丹术的借鉴，但整体来说，东西方仍保持各自的独立性。二者目的不同，结果走向也不同。前者是统治者为了长生，后者更多源于个人兴趣和对未知世界的探索。西方的炼金术最终发展成为近代化学，而中国的金丹术转向玄之又玄的内丹术。

中国古代广义的蒸馏器可分为两大类：丹房蒸馏器和生活用蒸馏器。抽砂炼汞设置利用到蒸发冷凝的原理，属于特殊的蒸馏器。既济炉是"上水下火"结构，水鼎中贮放的冷水充当了冷凝介质，水鼎天锅状，锅式冷凝对应内承法。未济炉结构"上火下水"的设计，仍是竹筒法、石榴罐法的延续，进步之处是从内承法发展到外承法，意味着丹房炼汞蒸馏技术的发展与进步。

丹房炼汞技术中蒸馏原理的应用，早于汉代出现的蒸馏器，前者对后者有借鉴，但两类蒸馏器有着各自的设计和发展。丹房蒸馏装置与生活类蒸馏器的明显不同在于，前者均为锅式冷却蒸馏器，后者均为壶式冷却蒸馏器。前者蒸馏装置材质选用陶或铁，因为铁是极少数不和汞作用的金属材料。后者则选用青铜。丹房蒸馏器和生活用蒸馏器，显然是由于蒸馏对象和蒸馏目的的不同，在不同领域衍生出来的。

汉代出现的蒸馏器，结构多样化，但实现蒸馏，本质一致。这类蒸馏器均为外承法，对应的一定是壶式冷却。

汉代出现的蒸馏器与西方早期蒸馏器，表现出一些设计共性：热源来自底部，有反应釜、壶式冷却器，外承法收集冷凝液。同时，作为早期的蒸馏器，器物初期出现都呈现出设计上的不足。但二者也存在差异：制作材料不同，中国古代生活类蒸馏器用青铜材质，西方以玻璃为主，一些汉代生活蒸馏器的精细和复杂化程度更高，相较中国古代蒸馏器热源为炭火，西方还出现了水浴蒸馏，加热方式的差异，意味着蒸馏对象的不同。

尽管世界范围内蒸馏技术的起源尚无定论，但不同流域的先民，对蒸煮器使用中蒸发、冷凝现象的熟悉和认知，使得在一定社会需求下，创造和发展出将冷凝液从反应器中引出的古代蒸馏器和蒸馏技术，也不足为奇。初步认为中国古代蒸馏技术是自成体系，有其清晰的发展脉络。而中西方蒸馏技术有无相互借鉴，还有待更多的考古材料说明。

对部分器物进行功用属性和定名的探讨，对甗形盉和流甗进行器形和功用区分。汉代是各种生活用具大发展的时期，筒形器在汉代社会生活中应用广泛，常见的就有多种类别如铜鋞、铜奁、铜尊、泥筩、铜漏等，对于筒形器的认识和命名，目前还存在一定分歧。通过对考古材料的梳理，对部分筒形器器形和功用进行辨析和区分，从而给器物考古定名提供参考。

铜尊口径多在 30 厘米以上，口径大，宽度大于高度是其最明显特征。较之铜尊，铜鋞体型则明显修长。铜鋞和泥筩外表有相似之处，但尺寸上存在明显差异，后者高度明显要矮，多在 10 厘米左右，口径多在3.5—4 厘米。泥筩是一类特殊的专用容器，通常不需要提梁。铜尊与铜鋞造型、功用相近。铜鋞应是延续了竹筒的功用，很大可能是对酒或食物进行冷藏的盛器，铜鋞的提梁是为了方便从水井或冰窖提拉，其往往和酒尊配套使用，将铜鋞内冷藏保鲜的酒酿倒入酒尊供贵族享用。汉代铜漏也是一类特殊的筒形装置，出土的汉代铜漏绝大多数为小型的泄水单漏。在日常生活中作为粗略的时段计时工具。但其筒形造型无疑为其细节设计和清洗提供了便利。

筒形器因其具有制作省料、易于内部加工、粗细均匀便于计量、防渗漏、易清洗等诸多优点，成为汉代诸多器物的首选。不同的筒形器均是利用冷水，结合目的而衍生出来的设计，也从一侧面反映出古人的智慧。

包括蒸馏器在内的筒形器在汉代大行其道，也是那个时代造物观的一种体现和展示。汉代蒸馏器的结构设计中，蕴含了道家的哲学思想和理念。周身直圆的筒形器，反映着汉代尚"圆"，追求天人合一的理念。筒形器最初仿照自然的木材或竹子，"造物取象"是古人造器的初衷。青铜合金材料应用于蒸馏器的制作，巧妙精细的铸造细节，体现了汉代造物设计中"材美工巧"的特点。不同用途的筒形器制作，体现了汉代重实用的造物观。而包括蒸馏器在内的筒形器，是汉代贵族阶层的专属，无疑又映射出汉代造物具有明显的阶级性。

汉代各类青铜材质的筒形器与百姓无缘，无疑是贵族阶层享受生活的体现。但多种多样的筒形器，丰富了我们对汉代物质文化资料的认识。

附　　表

泥筩尺寸统计表

名称	时代	尺寸	备注	出处
山东日照海曲西汉墓 M106 泥筩（M106：23）	西汉武帝末年或昭帝时期	直径 3.6 厘米 高 9.3 厘米		《文物》2010 年第 1 期
山西朔县西汉井穴木椁墓泥筩（3M1：19）	西汉昭宣时期	口径 3.7 厘米 高 8.4 厘米	盖佚	《文物》1987 年第 6 期
河北阳原县北关汉墓泥筩（M2：6）	西汉昭宣时期	口径 4 厘米 高 8.4 厘米		《考古》1990 年第 4 期
山西朔县赵十八庄一号汉墓（标本 27 号）	西汉晚期偏早阶段	直径 3.5 厘米 高 9.5 厘米		《考古》1988 年第 5 期
江苏邗江姚庄 101 号西汉墓（M101：197）	西汉晚期	直径 3.6 厘米 高 9.2 厘米		《文物》1988 年第 2 期
扬州市郊新莽墓泥筩（M6：12）	新莽时期	直径 3.5 厘米 高 10 厘米		《考古》1986 年第 11 期
南京六合李岗汉墓泥筩（M1：12）	新莽时期	直径 4.4 厘米 高 11.3 厘米		《文物》2013 年第 11 期
洛阳五女冢新莽墓泥筩（M461：17）	新莽或稍后	直径 3.8 厘米 高 9.6 厘米		《文物》1995 年第 11 期
常州兰陵恽家墩汉墓泥筩（M23：20）	新莽至东汉早期	直径 4.8 厘米 高 12 厘米		《南方文物》2011 年第 3 期

名称	时代	尺寸	备注	出处
长沙金塘坡东汉墓泥筩（M1∶7）	东汉中期	口径 3.5 厘米 高 9.4 厘米		《考古》1979 年第5 期
东汉司徒刘琦墓泥筩（M1∶213）	东汉顺帝阳嘉三年（135 年）后不久	口径 3.2 厘米 高 10 厘米 铜匕长 11.4 厘米		《考古与文物》1986 年第 5 期
望都 2 号汉墓泥筩	东汉灵帝光和五年（182 年）	不明		《望都 2 号汉墓》
洛阳烧沟汉墓泥筩（M1038∶9）	东汉晚期	口径 2.8 厘米 底径 3 厘米 高 10.7 厘米 柄长 11 厘米		《洛阳火烧沟》
西安北郊石碑寨村东汉墓泥筩	东汉	口径 2.1 厘米 底径 2 厘米 高 6.6 厘米	盖佚	《文物》1960 年第5 期
山东邹城西晋刘宝墓泥筩（M1∶38）	西晋永康二年（301年）	直径 8.4 厘米 高 17.7 厘米		《文物》2005 年第1 期
前凉"灵华紫阁服乘金错泥筩"	前凉升平十三年（369 年）	口径 7.9 厘米 足高 2.1 厘米 通高 11.7 厘米	盖佚	《文物》1972 年第6 期

参考文献

论著

（北魏）贾思勰：《齐民要术》，团结出版社 1996 年版。

（东汉）许慎撰，（清）段玉裁注：《说文解字注》，上海古籍出版社 1988
年版。

（南北朝）雷敩：《雷公炮炙论》，安徽科技出版社 1991 年版。

（明）方以智撰：《物理小识》卷六饮食类，景印文渊阁《四库全书》，
上海古籍出版社 1987 年版。

（宋）吴悞撰：《丹房须知》，《中华道藏》第 18 册，华夏出版社 2003 年版。

（宋）张世南撰，张茂鹏等点校：《游宦纪闻》卷六，中华书局 1981 年版。

（宋）周去非撰，屠友祥校注：《岭外代答》，上海远东出版社 1996 年版。

（元）朱德润：《轧赖机酒赋》，《古今图书集成》，中华书局 1934 年版。

（明）李时珍：《本草纲目》卷二五，中国文史出版社 2003 年版。

（明）宋应星：《天工开物》卷十六，中华书局 1983 年版。

《图说天下探索发现系列》编委会：《中国十大考古发现》，吉林出版集
团有限责任公司 2008 年版。

陈梦家：《西周铜器断代》上册，中华书局 2004 年版。

陈騊声：《中国微生物工业发展史》，轻工业出版社 1979 年版。

陈万里、王有勇：《当代埃及社会与文化》，上海外语教育出版社 2002
年版。

河南省文物研究所编：《密县打虎亭汉墓》，文物出版社 1993 年版。

黄时鉴：《东西交流史稿》，上海古籍出版社 1998 年版。

蒋维均：《化工原理》，清华大学出版社 2010 年版。

李华瑞：《宋代酒的生产与征榷》，河北大学出版社 1995 年版。

林剑民：《秦汉社会文明》，西北大学出版社 1985 年版。

马继兴：《出土亡佚古医籍研究》，中医古籍出版社 2005 年版。

随州市博物馆：《随州出土文物精粹》，文物出版社 2009 年版。

孙机：《汉代物质文化资料图说》，上海古籍出版社 2008 年版。

孙机：《历史中醒来：孙机谈中国古文物生活》，生活·读书·新知三联
    书店 2016 年版。

萧明汉、郭东升：《〈周易参同契〉研究》，上海文化出版社 2001 年版。

袁翰青：《酿酒在我国的起源和发展》，《中国化学史论文集》，生活·读
    书·新知三联书店 1956 年版。

张道一：《张道一选集》，东南大学出版社 2009 年版。

张子高：《中国化学史稿·古代之部》，科学出版社 1964 年版。

章克昌主编：《酒精与蒸馏工艺学》，中国轻工业出版社 2014 年版。

中国社会科学院考古研究所编：《满城汉墓》，文物出版社 1978 年版。

中华世纪坛艺术馆、内蒙古自治区博物馆：《成吉思汗——中国古代北方
    草原游牧文化》，北京出版社 2005 年版。

周嘉华、张黎等：《世界化学史》，吉林教育出版社 1998 年版。

周嘉华等编：《中国科学技术史·化学卷》，科学出版社 1998 年版。

［英］查尔斯·辛格、E.J. 霍姆亚德：《技术史第Ⅱ卷——地中海文明与
    中世纪》，潜伟译，中国工人出版社 2021 年版。

［美］莱斯特：《化学的历史背景》，吴忠译，商务印书馆 1982 年版。

［美］劳佛尔：《中国伊朗编——中国对古代伊朗文明史的贡献》，商务
    印书馆 1964 年版。

［美］瑞贝卡·佐拉克：《黄金的魔力——一部金子的文化史》，李静莹、

乔新刚译，中国友谊出版公司 2019 年版。

［英］丹皮尔：《科学史》，李衍译，商务印书馆 1989 年版。

［英］斯蒂芬·F. 梅森：《自然科学史》，上海外国自然科学哲学著作编
　译组译，上海人民出版社 1977 年版。

Forbes R. J. , *A Short History of the Art of Distillation*，Brill：Leiden，1970.

Jack Lindsay，*Origins of Alchemy in Graceo-Roman Egypt*，London，1970.

Joseph Needham ect. , *Science and Civilisation in China*，Cambridge University
　Press，1980.

Kockmann N. , *Distillation：Fundamentals and Principles*，New York：Aca-
　demic Press，2014.

Lynn Thorndike，*A Historyof Magic and Experimental Science*，New York：Co-
　lumbia University Press，1934.

Thompson，*Alchemy and Alchemists*，New York：Dover Publications，
　Inc. , 2002.

论文集

北京钢铁学院冶金史组：《鎏金》，见《中国科技史料》，中国科学技术
　出版社 1981 年版。

陈梦家：《中国青铜器的形制》，见《西周铜器断代》（上册），中华书
　局 2004 年版。

郭宜正：《明〈墨娥小录〉中的化学知识》，见《中国古代化学史研究》，
　北京大学出版社 1985 年版。

黄时鉴：《阿刺吉与中国烧酒的起始》，见《文史》第 31 辑，中华书局 1988
　年版。

孙华：《商周铜卣新论——兼论提梁铜壶与铜匜的有关问题》，见《洛阳
　博物馆建馆四十周年纪念文集》，科学出版社 1999 年版。

王有鹏：《我国蒸馏酒起源于东汉说》，见《深圳首届中国酒文化学术研

讨会论文集》，广东人民出版社 1988 年版。

岳洪彬、苗红霞：《试论商周筒形卣》，见《三代考古》，科学出版社
　　2009 年版。

赵匡华：《狐刚子对中国古代化学的卓越贡献》，见《中国古代化学史研
　　究》，北京大学出版社 1985 年版。

学位论文

耿靖玮：《10 - HAD 对上面发酵小麦啤酒中 Pectinatus spp 及野生酵母的
　　作用研究》，硕士学位论文，山东轻工业学院，2011 年。

辜琳：《秦都雍城布局复原研究》，硕士学位论文，陕西师范大学，2012 年。

浦凌龙：《浓香型大曲白酒蒸馏技术的研究》，硕士学位论文，天津科技
　　大学，2005 年。

王辉：《基于遗传多样性中国油用月季种质资源分类与评价》，博士学位
　　论文，上海交大，2013 年。

王元：《西汉青铜酒器初探》，硕士学位论文，南京师范大学，2012 年。

王珍珍：《蔷薇属资源的花香成分分析及花香合成酶基因 RhNUDX1 的表
　　达研究》，博士学位论文，云南大学，2019 年。

薛雪：《汉代的酒政、酒业与酒俗》，硕士学位论文，南昌大学，2013 年。

杨雪：《中国新石器时代筒形器文化的研究》，硕士学位论文，辽宁大学，
　　2012 年。

姚强：《在 STS 视角下中国金丹术与西方炼金术的比较》，硕士学位论
　　文，西北大学，2010 年。

赵娅清：《汉代多枝形灯具的设计研究》，硕士学位论文，江南大学，
　　2017 年。

发掘报告

陈久恒、叶小燕：《洛阳西郊汉墓发掘报告》，《考古学报》1963 年第

2 期。

程林泉、张翔宇等：《西安张家堡新莽墓发掘简报》，《文物》2009 年第 5 期。

广西壮族自治区文物工作队：《广西贵县罗泊湾一号汉墓发掘报告》，《文物》1978 年第 9 期。

邯郸市文管所：《河北邯郸市区古遗址调查简报》，《考古》1980 年第 2 期。

河南省文物考古研究所：《河南沁阳县下河湾冶铁遗址调查报告》，《华夏考古》2009 年第 4 期。

河南省文物研究所：《郑韩故城内战国时期低下冷藏室遗迹发掘简报》，《华夏考古》1991 年第 2 期。

贺官保、黄士斌：《信阳长台关第 2 号楚墓的发掘》，《考古》1958 年第 11 期。

淮阴市博物馆：《淮阴高庄战国墓》，《考古学报》1988 年第 2 期。

洛阳市文物工作队：《洛阳东周王城遗址发现烧造坩埚古窑址》，《文物》1985 年第 8 期。

南京博物院：《南京安怀村古遗址发掘简报》，《考古通讯》1957 年第 5 期。

陕西省考古研究院、宝鸡市考古研究所等：《陕西千阳尚家岭秦汉建筑遗址发掘简报》，《考古与文物》2010 年第 6 期。

陕西省雍城考古队：《陕西凤翔春秋秦国凌阴遗址发掘简报》，《文物》1978 年第 3 期。

王立仕：《淮阴高庄战国墓》，《考古学报》1988 年第 4 期。

负安志：《陕西茂陵一号无名冢从葬坑的发掘》，《文物》1982 年第 9 期。

浙江省文物管理委员会、浙江省博物馆：《河姆渡遗址第一期发掘报告》，《考古学报》1978 年第 1 期。

镇江市博物馆：《江苏丹徒出土东周铜器》，《考古》1981 年第 5 期。

郑绍宗:《20世纪重大考古发现——西汉中山王陵满城汉墓发掘纪实》,
　　《文物春秋》2008年第2期。

郑州博物馆:《郑州大河村遗址发掘报告》,《考古学报》1979年第3期。

中国社会科学院考古研究所汉长安城工作队:《汉长安城长乐宫发现凌
　　室遗址》,《考古》2005年第9期。

报纸和网络

《打开埃及法老的香水瓶》,2005-12-8,http://www.xhby.net/xhby/
　　content/2005-12/08/content1062136.htm.

杜金鹏:《妇好墓汽柱铜甑可用于蒸馏酒》,《中国文物报》1993年9月
　　12日。

柳州博物馆官网,http://www.lzbwg.org.cn/home/index/clickmenu.ht-
　　ml?cid=35&pid=7。

孙自法:《周代贵族女性化妆品中发现植物精油》,《中国新闻网》2021
　　年3月,网址:https://www.cas.cn/cm/202103/t20210312_478062
　　4.shtml。

王金中:《海昏侯墓出土了一座最古老的"水钟"》,中国社会科学网,
　　http://www.cssn.cn/wh/wh_kgls/201606/t20160606_3060289.sht-
　　ml,2016年6月6日。

王赛时:《中国蒸馏器不是酿酒业的专利》,https://page.om.qq.com/
　　page/OPGQTt4azry3XA01oQRoy-5A0。

辛德勇:《海昏侯墓出土蒸馏器与西汉贵族服食丹药的风气》,http://
　　m.thepaper.cn/quickApp_jump.jsp?contid=14050791。

杨永林:《西安出土的西汉酒有了权威检测结果———西汉酒为粮食酒的
　　一种》,《光明日报》2003年7月13日。

岳洪彬、岳占伟等:《河南安阳殷墟大司空遗址发掘获重要发现》,《中
　　国文物报》2000年4月20日。

期刊

白云翔：《汉代"蜀郡西工造"的考古学论述》，《四川文物》2014 年第 6 期。

包启安：《汉代的酿酒及其技术》，《中国酿造》1991 年第 2 期。

包启安：《南北朝时代的酿酒技术（续）》，《中国酿造》1992 年第 2 期。

蔡克中、翟燕燕：《海昏侯饮食器具对现代产品设计启示》，《包装工程》2018 年第 22 期。

曹斌、罗璇等：《西汉海昏侯刘贺墓铜器定名和器用问题初论》，《文物》2018 年第 11 期。

曹海峰：《尚"圆"视域下"中国学派"动画传播的认同构建与启示》，《中华文化与传播研究》2019 年第 1 期。

曹元宇：《烧酒史料的搜集和分析》，《化学通报》1979 年第 2 期。

常勇、李同：《秦始皇陵中埋藏汞的初步研究》，《考古》1983 年第 7 期。

陈定荣：《酒樽考略》，《江西文物》1989 年第 1 期。

陈剑：《古代蒸馏酒与白酒蒸馏技术》，《四川文物》2013 年第 6 期。

陈美东：《张衡〈浑天仪注〉新探》，《社会科学战线》1984 年第 3 期。

陈天声、陈瑾：《汉代度量衡计量单位量值之厘定》，《中国计量》2021 年第 2 期。

承德市避暑山庄博物馆：《河北省青龙县出土金代铜烧酒锅》，《文物》1976 年第 9 期

程伟、张杰等：《安琪活性干酵母在固态小曲清香型白酒酿造生产中的应用》，《酿酒科技》2018 年第 7 期。

丁岩：《宝鸡石鼓山几件青铜礼器的仿制观察》，《文博》2018 年第 6 期。

董天坛：《中国古代奁妆演变初探》，《西北第二民族学院学报（哲学社

会科学版）》2005 年第 1 期。

段清波、张琦：《中国古代凌阴的发现与研究》，《文博》2019 年第
　　1 期。

方心芳：《关于中国蒸酒器的起源》，《自然科学史研究》1987 年第 2 期。

冯恩学：《中国烧酒起源新探》，《吉林大学学报》2015 年第 1 期。

高明：《中原地区东周时代青铜器研究（中）》，《文物与考古》1981 年
　　第 3 期。

郭丹丽、王自健等：《水中和水上蒸馏法制备薰衣草精油及成分比较分
　　析》，《香料香精化妆品》2017 年第 2 期。

郭勇：《山西省右玉县出土的西汉铜器》，《文物》1963 年第 11 期。

郝良真：《邯郸出土的"蜀西工"造酒樽》，《文物》1995 年第 10 期。

何驽：《尧都何在？——陶寺城址发现的考古指正》，《史志学刊》2015
　　年第 2 期。

胡嘉麟：《关于晚商时期筒形卣的几个问题——从中国国家博物馆收藏的
　　马永盉谈起》，《中国国家博物馆馆刊》2017 年第 11 期。

黄盛璋：《公胀鼎及相关诸器综考》，《中原文物》1981 年第 4 期。

黄展岳：《汉代人的饮食生活》，《农业考古》1982 年第 2 期。

黄展岳：《铜提桶考略》，《考古》1989 年第 9 期。

贾俊侠：《汉代长安的酒业与饮酒风尚》，《长安大学学报》（社会科学
　　版）2011 年第 4 期。

来安贵、赵德义等：《海昏侯墓出土蒸馏器与中国白酒的起源》，《酿酒》
　　2018 年第 1 期。

兰方、顾平：《造物学视阈下的汉代建筑明器研究》，《艺术设计研究》
　　2015 年第 2 期。

李宏刚：《管窥古代炼金术对中西社会发展的影响》，《科技信息》2010
　　年第 15 期。

李华瑞：《中国烧酒起始的论争》，《中国史研究动态》1990 年第 8 期。

李华瑞：《中国烧酒起始探微》，《历史研究》1993 年第 5 期。

李丽娜：《试析中国古代中柱盂形器》，《中原文物》2015 年第 1 期。

李龙章：《广州西汉南越王墓出土青铜容器研究》，《考古》1996 年第 10 期。

李强：《论西汉千章铜漏的使用方法》，《自然科学史研究》1996 年第 1 期。

李强：《马上刻漏考》，《自然科学史研究》1990 年第 4 期。

李群：《贾思勰与齐民要术》，《自然辩证法研究》1997 年第 2 期。

李晓岑：《中国金丹术为什么没有取得更大的化学成就——中国金丹术和阿拉伯炼金术的比较》，《自然辩证法通讯》1996 年第 5 期。

李晓颖、曹翠玲等：《欧李香气研究进展》，《河北果树》2017 年第 2 期。

李肖：《蒸馏酒起源于唐代的新论据》，《文献》1999 年第 3 期。

梁彦民：《周初筒形卣研究》，《考古与文物》2007 年第 2 期。

廖蓓、李兆飞等：《安琪清香型复合功能菌的应用技术研究》，《酿酒科技》2018 年第 9 期。

林罗丰：《蒙元时期的酿酒锅与蒸馏乳酒技术》，《考古》2008 年第 5 期。

林荣贵：《金代蒸馏器考略》，《考古》1980 年第 5 期。

刘芳芳：《战国秦汉漆奁胎骨刍议——兼谈漆器胎骨的演变》，《中国生漆》2013 年第 3 期。

刘芳芳：《樽奁考辨》，《东南文化》2011 年第 4 期。

刘玉琛、王宇昕等：《古代蒸馏技术发展简史》，《化学教育》2021 年第 2 期。

刘志：《〈黄帝阴符经〉变化观的探讨》，《道教论坛》2006 年第 1 期。

柳景龙：《浅析长信宫灯造物特点及对现代设计的启迪》，《西部皮革》2016 年第 38 期。

罗丰：《蒙元时期的酿酒锅与蒸馏乳酒技术》，《考古》2008 年第 5 期。

罗志腾：《中国古代人民对酿酒发酵化学的贡献》，《中山大学学报》（自然科学版）1980 年第 1 期。

马和斌：《论伊斯兰教对阿拉伯香料文化的影响》，《西北民族研究》
　　2008 年第 3 期。

马今洪：《流甀的研究》，《文博》1996 年第 4 期。

马世之：《春秋战国时代的储冰及冷藏设施》，《中州学刊》1986 年第
　　1 期。

马希汉、王永红等：《玫瑰精油提取工艺研究》，《林产化学与工业》
　　2004 年第 24 卷。

马怡：《汉代的计时器及相关问题》，《中国史研究》2006 年第 3 期。

毛颖：《南方青铜盉研究》，《东南文化》2004 年第 4 期。

茂陵文管所：《陕西兴平汉墓出土的铜漏壶》，《考古》1978 年第 1 期。

冒言：《樽奁辨析》，《文博》2018 年第 1 期。

孟乃昌：《评介〈中国科学技术史〉第五卷第四分卷》，《化学通报》1983
　　年第 4 期。

孟乃昌：《中国蒸馏酒年代考》，《中国科技史料》（卷 6）1985 年第
　　6 期。

倪莉：《关于"醯"、"酢"、"醋"、"苦酒"的考译》，《中国酿造》
　　1996 年第 3 期。

潘婕、邱小松：《论唐朝尚"圆"造物观——以牡丹图案为例》，《大众
　　文艺》2016 年第 18 期。

彭华胜、徐长青、袁媛等：《最早的中药辅料炮制品：西汉海昏侯墓出
　　土的木质漆盒内样品鉴定与分析》，《科学通报》2019 年第 9 期。

彭明启、卢斌等：《古代天锅一元化蒸馏冷却模式的探讨》，《酿酒科技》
　　1995 年第 6 期。

彭裕商、韩文博等：《商周青铜盉研究》，《考古学报》2018 年第 4 期。

钱溢汇：《谈山东日照两城发现的烤箅》，《中原文物》2002 年第 4 期。

秦烈新：《前凉金错泥筩》，《文物》1972 年第 6 期。

裘锡圭：《鋞与桱桯》，《文物》1987 年第 9 期。

任融法：《试论〈周易参同契·鼎器歌〉》，《道教论坛》1994 年第 3 期。

容志毅：《〈参同契〉与中国古代炼丹学说》，《自然科学史研究》2008
　年第 4 期。

山东邹城市文物局：《山东邹城西晋刘宝墓》，《文物》2005 年第 1 期。

沈怡方：《传统白酒的蒸馏》，《酿酒》1997 年第 3 期。

施由明：《南昌汉海昏侯墓出土的铜盉》，《农业考古》2017 年第 1 期。

石小波：《长信宫灯对现代设计的启示》，《美术教育研究》2013 年第
　7 期。

孙华：《中山王墓铜器四题》，《文物春秋》2013 年第 1 期。

王海文：《鎏金工艺考》，《故宫博物院院刊》1984 年第 2 期。

王偶人：《泥筒浅议》，《东南文化》2013 年第 3 期。

王克林：《试探新石器时代的医药——对仰韶文化盉形器用途之推测》，
　《文物季刊》1994 年第 4 期。

王明升、程俊等：《安琪纯种曲在大曲清香型白酒生产中的应用研究》，
　《酿酒科技》2010 年第 10 期。

王瑞芹：《汉代民俗文化观念对造物设计的影响——以徐州出土汉代造物
　设计为例》，《江苏师范大学学报》（哲学社会科学版）2017 年第
　1 期。

王赛时：《中国烧酒名实考辨》，《历史研究》1994 年第 6 期。

王颖竹、马清林等：《中国古代香料史话》，《文明》2014 年第 3 期。

王育成：《先秦冰政辑考》，《郑州大学学报》（社会科学版）1988 年第
　3 期。

王占奎、丁岩等：《陕西宝鸡石鼓山商周墓地 M4 发掘简报》，《文物》
　2016 年第 1 期。

王振铎：《西汉计时器"铜漏"的发现及其有关问题》，《中国历史博物
　馆馆刊》1980 年第 1 期。

王振国：《从伤寒论看汉代食俗对中医药的影响》，《中国典籍与文化》
　　1996 年第 3 期。

王郑红：《红山文化筒形器研究》，《辽宁文物学刊》1997 年第 1 期。

王子今：《试谈秦汉筒形器》，《文物季刊》1993 年第 1 期。

吴德铎：《烧酒问题初探》，《史林》1988 年第 1 期。

谢方安：《谈白酒香气成分和作用》，《酿酒》2006 年第 5 期。

谢文逸：《论中国古代蒸馏酒的起源和蒸馏工艺的发展》，《酿酒科技》
　　2001 年第 3 期。

兴平县文化馆：《陕西兴平汉墓出土的铜漏壶》，《考古》1978 年第
　　1 期。

邢润川：《论蒸馏酒源出唐代——关于我国蒸馏酒起源年代的再探讨》，
　　《酿酒科技》1982 年第 2 期。

邢润川：《我国蒸馏酒起源于何时》，《微生物学通报》1981 年第 1 期。

徐大钧：《跨湖桥走笔——观跨湖桥遗址博物馆》，《前进论坛》2015 年
　　第 3 期。

徐福建、陈洪章、李佐虎：《固态发酵工程研究进展》，《生物工程进展》
　　2002 年第 1 期。

徐倩倩：《鲁中齐铜甗》，《齐鲁学刊》2015 年第 6 期。

严小青：《中国古代的蒸馏提香术》，《文化遗产》2013 年第 5 期。

杨军、徐长青：《南昌市西汉海昏侯墓》，《考古》2016 年第 7 期。

杨忙忙：《汉铜漏壶的保护修复及相关问题探讨》，《文物保护与考古科
　　学》2016 年第 4 期。

杨勇勤：《论文艺复兴时期欧洲炼金术的阿拉伯渊源》，《天津大学学报》
　　2019 年第 11 期。

叶灵军、张立等：《现代月季品种主要香气成分的分析》，《北方园艺》
　　2008 年第 9 期。

伊克昭盟文物工作站：《内蒙古伊克昭盟发现西汉铜漏》，《考古》1978

年第 5 期。

余飞、白国柱：《甗形盉——江淮、皖南的青铜器瑰宝》，《大众考古》
2018 年第 8 期。

余华青、张廷皓：《汉代酿酒业探讨》，《历史研究》1980 年第 5 期。

袁国厚：《阿拉伯人与香料》，《世界知识》1988 年第 6 期。

袁翰青：《从道藏里的几种书看我国的炼丹术》，《化学通报》1954 年第
7 期。

曾晓艳、刘应蛟等：《玫瑰花与月季花的性状鉴别及 GC-MS 分析》，《湖
南中医药大学学报》2015 年第 6 期。

张邦建、李长文等：《应用 SAS 软件优化分析影响固态发酵白酒杂醇油
的生成因素》，《酿酒科技》2015 年第 5 期。

张发科、吕清涛等：《玄参炮制历史沿革的探析》，《山东中医杂志》
2007 年第 5 期。

张贵余：《一座蕴藏殷商灿烂文明的宝库（下）——妇好墓青铜器》，
《荣宝斋》2016 年第 8 期。

张建祥：《从成分的角度看玫瑰油和香水月季油的不同用途》，《香料香
精化妆品》2006 年第 1 期。

赵宏亮：《也说泥箒》，《东南文化》2014 年第 2 期。

赵匡华：《我国古代抽砂炼汞的演进以及化学成就》，《自然科学史研究》
1984 年第 1 期。

镇江市博物馆：《江苏丹徒出土东周铜器》，《考古》1981 年第 5 期。

郑小炉：《试论青铜甗（鬲）形盉》，《南方文物》2003 年第 3 期。

周嘉华：《中国蒸馏酒源起的史料辨析》，《自然科学史研究》1995 年第
3 期。

周祖亮：《简帛医书药用酒文化考略》，《农业考古》2015 年第 4 期。

朱诚身、杨吉湍：《古代中西炼金术之比较》，《郑州大学学报》（社会科
学版）1990 年第 1 期。

朱晟:《我国人民用水银的历史》,《化学通报》1957 年第 4 期。

祝亚平:《从"滴淋法"到"钓藤酒"——蒸馏酒始于唐宋新探》,《中国科技史料》1995 年第 1 期。

Blass E. , Liebl T. and Haberl M. , *Extraktion-ein Historischer Ruckblick Chem* , Ing. Tech. , Vol. 69 , 1997.

Joichi A. , Yomogida K. , Awano K. , et al. , "Volatile Components of Tea-scentedmodern Roses and Ancient Chinese Roses", *Flavour and Fragrance Journal* , Vol. 20 , No. 2 , 2005.

Nakamura S. , "Scent and Component Analysisof the Hybrid Tea Rose", *Perfume Flavor* , Vol. 1 , 1987.

Scalliet G. , Lionnet C. , Le B. M. , et al. , "Role of Petal-specific Orcinol O-methyltransferases in the Evolution of Rose Scent", *Plant Physiology* , Vol. 140 , 2006.

Shoja M. M. , Tubbs R. S. , Bosmia A. N. , et al. , *Journal of Al-ternative & Complementary Medicine* , Vol. 21 , No. 6 , 2015.

后　记

　　笔者最初在看到考古报告中对海昏侯出土蒸馏器流嘴的位置描述和其蒸馏原理的推测时，产生了诸多困惑和不理解，对其结构和使用产生好奇。通过对器物图片放大、对细部反复的观察思考，认为其中存在一些模糊甚至不正确描述，以致有人对其原理误判，由此引发笔者对古代蒸馏器开始关注和思考。

　　笔者考虑通过模拟实验来验证两件汉代套合器属性。最初的设想是用玻璃材料制作仿制品，透明玻璃能较好观察器物反应过程中所有细节，对于笔者了解结构部件的作用会有极大帮助——特别是张家堡套合器极为精细的内部结构，但笔者没能找到能加工制作的师傅而放弃，不得不说是非常遗憾的。

　　除了对汉代蒸馏器属性、结构、原理的再认识，笔者也是首次尝试从器物着手，进行多方位、多角度的探讨。书稿草成，研究内容还是不深入的，得出的结论也是粗线条、不完善的，这期间仍有很多问题是模糊的，因为能力所限，错误和疏漏在所难免。古代蒸馏器和蒸馏器技术，这是非常有趣的话题，希望本书能起到抛砖引玉的作用，让更多人在重视有形文化遗产的同时，对其背后存在的工艺技术、社会经济体系，以及传统礼仪与习惯等更多的无形文化遗产给以关注。

　　特别感谢我的两位在读研究生——苏海通和赵倩卉，书中部分文献资料由赵倩卉协助查找，模拟实验部分由苏海通协助完成。感谢陕西省

235

考古所张翔宇先生提供张家堡套合器的一手照片，感谢中国科技大学龚德才教授在我最初计划时给予的鼓励和支持，感谢河南省文物考古研究所马新民老师在仿制阶段的帮助，最后感谢郑州大学历史学院，为我们提供学术资料和良好的学术氛围，感谢中国社会科学出版社郭鹏编审为本书出版所做的努力。

姚智辉

2021 年 11 月